Dr. Rawnak Ara Noor-E-Ferdous
Professor Dr. Balaram Roy
Dr. Md. Shariful Islam

O cultivo diversificado tem impacto na qualidade da estévia

Dr. Rawnak Ara Noor-E-Ferdous
Professor Dr. Balaram Roy
Dr. Md. Shariful Islam

O cultivo diversificado tem impacto na qualidade da estévia

Melhorar a qualidade, acelerar o crescimento e aumentar os rendimentos

ScienciaScripts

Imprint

Cover image: www.ingimage.com

This book is a translation from the original published under ISBN 978-620-7-46000-7.

Publisher:
Sciencia Scripts
is a trademark of
Dodo Books Indian Ocean Ltd. and OmniScriptum S.R.L publishing group

120 High Road, East Finchley, London, N2 9ED, United Kingdom
Str. Armeneasca 28/1, office 1, Chisinau MD-2012, Republic of Moldova, Europe
Managing Directors: Ieva Konstantinova, Victoria Ursu
info@omniscriptum.com

Printed at: see last page
ISBN: 978-620-8-40913-5

Conteúdo

RESUMO

O estudo foi efectuado na exploração experimental do Bangladesh Sugarcrop Research Institute (BSRI) situada em Ishwardi, Pabna, Bangladesh. O objetivo era investigar os vários efeitos do cultivo na qualidade da estévia. Foram registadas diferenças significativas entre os diferentes métodos de cultivo. Foram recolhidos dados sobre a altura da planta (cm), o número de ramos da planta^{-1}, o número de folhas da planta$^{(-1)}$, a área foliar da planta^{-1} (cm^2), o comprimento médio da folha (cm), a largura média da folha (cm), o perímetro, a relação entre o comprimento e a largura da folha, o fator de forma, a área de acumulação (cm), peso fresco da planta^{-1} (g), peso seco da planta^{-1} (g), produtividade de folhas frescas da planta$^{(-1)}$) (g), produtividade de folhas secas da planta^{-1} (g), produtividade de folhas frescas ha^{-1} (kg), produtividade de folhas secas ha^{-1} (kg), N(%), P (%), K (%), S (%), Ca (%), Mg (%), Zn (цд g-1) da folha de estévia. A maior altura de planta foi obtida no tratamento T2 (sob cultivo de mangueira) (127,93 cm) aos 147 DAT. Os ramos primários e secundários mais elevados aos 147 DAT foram registados no tratamento T 1 (cultivo no campo) (12,72) e (31,83), respetivamente. O número de folhas da planta $^{-1}$ e a área foliar da planta $^{-1}$ de estévia foram significativamente influenciados pelos diferentes métodos de cultivo e mais elevados no tratamento T1. O comprimento médio das folhas e a largura média das folhas de estévia variaram de 3,01 cm a 3,29 cm e de 1,32 cm a 1,48 cm, respetivamente. O perímetro mais alto e a razão entre comprimento e largura da folha foram obtidos no tratamento T1 (cultivo no campo) (7,46) e (2,24), respetivamente. O maior peso fresco e seco da planta^{-1} (165,92 g) e (44,15 g) foram obtidos no tratamento T1 (cultivo no campo), respetivamente. O maior peso fresco e seco ha^{-1} foi registado no tratamento T1 (cultivo no campo). A maior produção de folhas frescas e secas foi obtida no tratamento T1 (cultivo no campo) (91,37 g planta^{-1}) e (24,83 g planta^{-1}), respetivamente. O rendimento significativamente mais elevado de folhas frescas e secas foi registado no tratamento T1 (cultivo no campo) (4512,12 kg ha^{-1}) e (1226,17 kg ha^{-1}), respetivamente. A clorofila total mais alta (1,98 mg g$^{(-1)}$)), clorofila 'a' (1,42 mg g^{-1}), clorofila 'b' (0,52 mg g^{-1}) e proteína (10,00%) no tratamento T1 (cultivo no campo). O conteúdo de N na folha de estévia variou de 1,71 a 1,6,2%. O maior teor de fósforo foi obtido no tratamento T1 (cultivo no campo) (0,128%) e o menor no tratamento T2 (cultivo sob mangueira) (0,085%). O teor de K na folha de estévia variou de 0,13 a 0,14%. O teor mais elevado de enxofre foi registado no tratamento T1 (cultivo no campo) (0,25%), seguido do tratamento T2 (cultivo em vaso) (0,21%), enquanto o teor mais baixo de enxofre foi registado no tratamento T2 (cultivo sob mangueira) (0,14%). O conteúdo de Ca e Mg na folha de estévia variou de

(1,12 a 1,24%) e (0,102 a 0,104%), respetivamente. O maior teor de Zn foi registado no tratamento T1 (cultivo no campo) (62,87 μg g-1). Assim, o T1 (cultivo no campo) apresentou o melhor desempenho em relação à produção de folhas frescas e secas por planta^{-1} (g), produção de folhas frescas e secas por hectare^{-1} (kg) e conteúdo de nutrientes. Os resultados indicam que há grandes possibilidades de cultivo de estévia no campo em Bangladesh.

CAPÍTULO I

INTRODUÇÃO

A estévia (*Stevia rebaudiana* Bert.) pertence à família Compositae e é uma erva doce e um adoçante natural sem calorias, originário do Paraguai. O Dr. M. S. Bertoni descobriu oficialmente a erva doce stevia no início do século 20 (1905). Atualmente, a estévia é cultivada com sucesso no Paraguai, México, América Central, Japão, China, Malásia, Coreia do Sul e recentemente começou a ser cultivada em diferentes partes da Índia, especialmente no sul da Índia. Na Europa, também é cultivada em Espanha, Bélgica e Reino Unido. Os primeiros relatos de cultivo comercial no Paraguai foram feitos em 1964 (Kalayama *et al.*, 1976). As folhas de Stevia e o esteviosídeo são seguros para o consumo humano (Kinghorn e Soejarto, 1985; Kinghorn, 1992). Até à data, não existem relatos de efeitos adversos decorrentes da utilização de produtos de Stevia por seres humanos (Brandle e Rosa, 1992). As folhas secas desta planta são 30 vezes mais doces do que o açúcar, com zero calorias. O extrato puro de esteviosídeo não é calórico e é 300 vezes mais doce do que o açúcar (Bhosle, 2004). O esteviosídeo, um composto doce contido nas folhas da estévia, tem recentemente atraído muita atenção como adoçante alternativo (Crammer e Ikan, 1987). Atualmente, é comummente utilizado como adoçante natural em bebidas e alimentos (Ishi *et al.,* 1987), sendo preferido em relação a outras substâncias não-calóricas de sacarose, uma vez que é estável ao calor, de certa forma resistente à hidrólise ácida e não fermentável (Kinghorn e Soaejarto, 1991). A pesquisa bibliográfica revela a aplicação versátil da estévia no tratamento da obesidade, perda de peso, saúde dentária, hipertensão arterial, saúde oral, desejos de hidratos de carbono, tonificação e cicatrização da pele, desejos de tabaco e álcool e efeitos anti-hiperglicémicos do esteviosídeo em indivíduos diabéticos (Gregersen *et al.,* 2004). A dimensão do mercado global e o negócio de plantas medicinais, incluindo a estévia, e de produtos de saúde baseados nestas ervas ronda os 62 mil milhões de dólares americanos e é provável que ultrapasse a marca de 1 bilião até 2020 e de 5 biliões até 2050 (Patra e Khanuja, 2005). O teor de esteviosídeo varia com o peso seco das folhas consoante as condições de crescimento (Nepovim *et al.,* 1998 e Guens, 2003). Por isso, é necessário melhorar as técnicas agrícolas para aumentar o rendimento de biomassa e esteviosídeo da estévia. A influência dos métodos de plantação e dos níveis de fertilizantes no crescimento, rendimento e absorção de nutrientes da estévia foi relatada por Chalapthi *et al.,* 1997 e Chalapthi *et al.,* 1999, mas nenhum estudo comparativo de técnicas agrícolas foi relatado até à data. Por conseguinte, o presente estudo foi realizado com os seguintes objectivos

i. para descobrir o método adequado para o cultivo da estévia,
ii. para medir o teor de clorofila, proteínas e nutrientes da estévia, e
iii. indicam as caraterísticas morfo-fisiológicas que melhor permitem aumentar o rendimento e o teor de nutrientes.

CAPÍTULO II

REVISÃO DA LITERATURA

O Bangladesh é um país de base agrícola. A maioria dos agricultores do país dedica-se à produção de arroz e não de plantas ricas em nutrientes ou medicinais. A estévia é um edulcorante natural sem calorias e a sua doçura deve-se à presença de um agente edulcorante chamado esteviosídeo. A principal importância da estévia deve-se à possibilidade de a substituir pela sacarina. É utilizada como adoçante natural, para a diabetes, para a tensão arterial elevada, etc. A prevalência da diabetes a nível mundial está a aumentar a um ritmo tão rápido que a Organização Mundial de Saúde (OMS) identificou a diabetes como uma doença epidémica (Friedman, 2002). O Bangladesh ocupa a 10ª posição entre as populações diabéticas de 40 países em 2000, mas a sua incidência é tão grande que em 2030 ocupará a 7ª posição (Karim *et al.,* 1986). A estévia pode proporcionar o sabor do doce aos doentes com diabetes sem aumentar o nível de glucose.

Esta cultura não é cultivada pelos agricultores devido à falta de conhecimentos sobre o processo de cultivo nas condições do solo do Bangladesh. Por isso, é importante encontrar o método de cultivo mais adequado. É feita uma tentativa de enumerar alguns dos trabalhos potenciais realizados sobre o cultivo da estévia noutros locais do mundo, incluindo o Bangladesh.

2.1 Posição da Stevia no reino vegetal

Posição taxonómica do reino à espécie (http://website(1), 2010)

Reino Unido	Plantas
Sub-reino	Traqueobiontes
Divisão	Magnoliophyta
Classe	Magnoliopsida
Subclasse	Asterídeos
Encomendar	Asterales
Família	Compositae
Género	*Stevia*
Espécies	*Stevia rebaudiana* (Bertoni)

2.2 Origem da stevia

Stevia rebaudiana Bert. é um dos 154 membros do género Stevia e um dos dois únicos que produzem glicosídeos de esteviol doce (Robinson, 1930; Soejarto *et al.,*1982; Soejarto *et al.,*1983). É nativa do vale do Rio Monday nas terras altas do Paraguai, entre 25 e 26 graus de latitude sul, onde cresce em solos arenosos perto de riachos (Katayama *et al.,* 1976).

2.3 Caraterísticas da estévia

A estévia é um membro da família Compositae. É um pequeno arbusto perene que cresce até 65 cm de altura, com folhas sésseis, dispostas de forma oposta, lanceoladas a oblancoeladas, serrilhadas acima do meio. As estruturas de tricomas na superfície da folha são de dois tamanhos distintos, um grande (4-5 µm) e um pequeno (2,5 µm) (Shaffert e Chetobar, 1994b). As flores são pequenas (7-15 mm), brancas e dispostas numa cimeira irregular. A semente é um aquénio com um pappus emplumado (Robinson, 1930).

A estévia é uma planta obrigatória de dias curtos, com um comprimento crítico do dia de cerca de 13 h. Foi registada uma grande variabilidade dentro das populações no que respeita à sensibilidade ao comprimento do dia (Valio e Rocha, 1966; Zaidan *et al.,* 1980). As plantas podem iniciar a floração depois de um mínimo de quatro folhas verdadeiras terem sido produzidas (Carneiro, 1990). Sumida relatou os resultados de um cruzamento dialélico completo com 8 progenitores e descobriu que a quantidade de autofecundação variou entre 0 e 0,5%, enquanto que o outcrossing variou entre 0,7 e 68,7%, indicando que alguma forma de sistema de auto-incompatibilidade está a funcionar (citado em Katayama et al. 1976). A anatomia reprodutiva dos gametófitos masculino e feminino é típica das angiospermas (Shaffert e Chetobar, 1992, 1994a). A Stevia é diploide e tem 11 pares de cromossomas, o que é caraterístico da maioria dos membros sul-americanos do género (Frederico *et al.,* 1996).

2.4 Produção vegetal de stevia

As plantas de estévia podem ser propagadas a partir de estacas ou sementes. Uma vez que as taxas de germinação são baixas e o estabelecimento das plântulas é muito lento, é melhor cultivá-las como uma cultura anual ou perene transplantada. A propagação clonal é prática para a produção em pequena escala, mas provavelmente não é economicamente viável para a produção de estévia em grande escala, onde os custos de mão de obra são elevados. O custo da produção de transplantes propagados vegetativamente no Canadá é elevado, pelo que os transplantes de baixo custo produzidos a partir de sementes são o único método viável para basear a produção de estévia no Canadá. Apenas a produção anual é possível na maioria das regiões do Canadá. A discussão sobre a produção de culturas nesta revisão limitar-se-á, portanto, à propagação por semente de uma cultura anual transplantada.

Nas latitudes temperadas do hemisfério norte e, mais especificamente, no sudoeste do Ontário, no Canadá, o ciclo de produção da estévia anual começa com as plantas de 6-7 semanas de idade cultivadas a partir de sementes, em células, em estufas aquecidas. As plântulas são transplantadas para o campo em meados ou finais de maio. O fertilizante é aplicado em faixas juntamente com os transplantes. A cultura é irrigada conforme necessário. O estabelecimento da estévia é lento nas condições canadianas e o crescimento é lento até meados de julho. A maior parte da produção de folhas é acumulada de julho até meados a finais de setembro. A planta inteira é colhida logo acima do nível do solo, elevada para vagões e depois seca. Após a secagem, as folhas são separadas dos caules com a ajuda de um thesher. As folhas são então armazenadas prontas para serem transformadas (http:// website[2], 2010).

2.5 Práticas culturais da estévia

Densidades de plantação que variam de 40.000 a 400.000 plantas ha^{-1} foram experimentadas em experiências conduzidas no Japão (Katayama *et al.,* 1976). O rendimento das folhas aumentou com o aumento da densidade até 83.000 e 111.000 plantas ha^{-1} no primeiro ano de produção. A concentração de esteviosídeo nas folhas da estévia aumenta quando as plantas são cultivadas em dias longos (Metvier e Viana, 1979). Uma vez que a síntese de glicosídeos é reduzida durante ou imediatamente antes da floração, o atraso da floração com dias longos permite mais tempo para a acumulação de glicosídeos. Por conseguinte, a produção de estévia seria melhor situada num ambiente de dias longos, onde o período vegetativo é mais longo e os rendimentos de glicosídeos de esteviol serão mais elevados.

As necessidades de fertilidade da estévia cultivada como cultura anual são moderadas. Resultados do Japão demonstram que, no ponto de máxima acumulação de matéria seca, as plantas de estévia consistem em 1,4% de N, 0,3% de P e 2,4% de K (Katayama *et al.,* 1976). Em Ontário, é possível uma produção total de biomassa de 7500 kg ha^{-1} e, desse total, 26% seriam raízes, 35% caules e 39% folhas (R. Beyaert pers. comm.). Com base na composição observada por Katayama, 1976, essa biomassa exigiria aproximadamente 105 kg de N, 23 kg de P e 180 kg de K do solo e do fertilizante. As taxas reais de aplicação variam de acordo com o tipo de solo e o ambiente de produção, e precisam de ser optimizadas para cada situação específica.

Duas doenças fúngicas, *Septoria steviae* e *Sclerotinia sclerotiorum*, foram relatadas em estévia cultivada no Canadá (Lovering e Reeleder, 1996; Chang *et al.,* 1997). A doença *Septoria* foi caracterizada por lesões deprimidas, angulares, cinzento-azeitona brilhante, por vezes rodeadas por um halo clorótico, que coalescem rapidamente. A doença *de Sclerotinia* foi caracterizada por lesões castanhas no caule, perto da linha do solo, seguidas de murchidão e, eventualmente, do colapso completo dos indivíduos afectados. Ainda não foram publicados meios de controlo destas doenças. Uma vez que a estévia é muito lenta a estabelecer-se e não compete bem com as ervas daninhas, os herbicidas ou outros meios serão essenciais para controlar o crescimento das ervas daninhas, de modo a produzir um rendimento amplo e uma cultura limpa. O herbicida trifluralina parece ser bem tolerado pela estévia (Katamaya, 1979).

A estévia é colhida imediatamente antes da floração, quando o teor de glicosídeos de esteviol nas folhas está no seu máximo (Sumida, 1980, Xiang, 1983). Após a colheita, a planta inteira é seca e as folhas são separadas dos caules para posterior processamento (Murai, 1988). Os caules têm concentrações muito baixas de glicosídeos doces e são removidos para minimizar os custos de processamento (Brandle e Rosa, 1992). A secagem da estévia em condições artificiais é afetada por uma série de factores, incluindo a taxa de carga, a temperatura e as condições do ar ambiente (Van Hooren e Lester, 1992). O efeito das condições de secagem nos níveis de glicosídeos ou na qualidade de processamento das folhas não foi investigado.

2.6 Cultura de tecidos de Stevia

Mitra e Pal, 2007 descobriram que foi obtida uma maior proliferação de rebentos e multiplicação no meio basal de Murashige e Skoog (MS) suplementado com 1,0 mg L^{-1} de ácido indolacético (IAA) mais 10,0 mg L^{-1} de cinetina e 30,0 mg L^{-1} de sulfato de adenina.

Himanshu *et al,* 2006 relataram que o meio basal MS suplementado com 13.5 μM benziladenina + 8.0 μM NAA mostrou melhor desempenho em comparação com 13.3 μM benziladenina sozinho em relação à quebra de brotos em *S. rebaudiana*, enquanto a combinação de 13,3 μM benziladenina + 61,8 micro M AdSO4 e 13,5 μM benziladenina + 8,0 μM NAA em meio basal MS mostrou multiplicação de brotos aprimorada. NAA a 16,1 μM + 10,7 μM benziladenina mostrou um aumento significativo na indução de enraizamento em comparação com 16,1 μM IAA sozinho. A melhor calcinação foi observada no meio contendo 10,7 μM de NAA + 8,8 μM de benziladenina.

Hossain *et al.,* 2005 mostraram que foi encontrado um maior número de rebentos e microestacas no meio MS suplementado com 3 mg L^{-1} BA e 2,0 mg L^{-1} BA, respetivamente. Obteve-se um maior número de raízes por rebento no meio MS suplementado com 1,0 mg L^{-1} de NAA, seguido de 1,5 e 0,5 mg L^{-1} de NAA, respetivamente.

Os explantes mais eficazes para a produção de plantas em grande escala parecem ser micro-estacas com gemas apicais ou axiais. Foram cultivados com sucesso num meio sem hormonas, o que permitiu produzir milhares de plantas durante 3-4 meses (Salas, 2001).

Dhir e Dhir, 2004 afirmaram que foram induzidos rebentos múltiplos a partir de pontas de rebentos cultivadas em Murashige e Skoog (MS) suplementado com 0-3,0 mg L^{-1} de Benziladenina (BA). Foram observados rebentos verdes verdadeiros com folhas completamente desenvolvidas em quase 70% das culturas iniciais. As raízes foram induzidas em rebentos com 30 dias de idade, transferidos para meio MS suplementado individualmente com IAA ou IBA (1-4 mg L^{-1}).

Sivaram e Mukundan, 2003 regeneraram rebentos a partir de ápices de rebentos, nodais e explantes de folhas de *S. rebaudiana* Bertoni, cultivando-os em meio Murashige e Skoog (MS) (Murashige e Skoog, 1962) suplementado com 6-benziladenina (BA) 8,87 μM e ácido indol-3-acético (IAA) 5,71 μM. O enraizamento dos rebentos *derivados in vitro* pode ser alcançado após a subcultura em meio contendo auxina. Foi registada uma taxa de sobrevivência de 70% na fase de endurecimento no substrato cocopeat. A presença dos glicosídeos diterpénicos doces, nomeadamente o esteviosídeo e o rebaudiosídeo, foi confirmada nos tecidos de Stevia *derivados in vitro* utilizando técnicas de HPTLC. Os calos cultivados em meio MS solidificado com ágar suplementado com BA (8,87 μM) e ácido indol-3-butírico (9,80 μM) apresentaram o maior teor de adoçante.

Morini *et al.,* 2003 relataram que quatro genótipos de Stevia foram testados no meio de cultura MS , comparando os efeitos de duas citocininas: cinetina e 6-benzilaminopurina. A resposta do enraizamento dos rebentos foi avaliada pelo IBA a 0,5 mg L^{-1} e 0,1 mg L^{-1}.

Salas, 2001 descobriu que os explantes mais eficazes para a produção de plantas em grande escala pareciam ser micro-cortes com gemas apicais ou axiais. Estes foram cultivados com sucesso num meio sem hormonas, o que permitiu a produção de vários milhares de plantas durante 3-4 meses.

Acuna *et al.,* 1997 cultivaram *in vitro* segmentos nodais de plântulas com 6 semanas de idade em meio MS com 50% de macroelementos e na presença de 0,1 ppm de NAA. Aquando da transferência de plantas de condições *in vitro* para condições *in vivo,* os segmentos nodais foram mergulhados numa solução de IAA a 5% para promover o enraizamento. As plantas tratadas foram cultivadas durante um mês numa estufa e depois plantadas no campo. A preparação mais eficaz para aumentar a concentração de esteviosídeo nas folhas foi o Humiforte (aminoácidos sintéticos, N, P, K e oligoelementos) em combinação com o Aminol (aminoácidos e N), mas o Melatran (ácidos lático e antranílico) foi o que produziu os maiores rendimentos de biomassa.

Sritongkum, 1995 desenvolveu os procedimentos para micropropagação a partir de folha primária e ponta de rebento de *S. rebaudiana* Bertoni. As condições óptimas para a indução de calos a partir da folha primária foram observadas em meio MS suplementado com 2,0 mg L^{-1} NAA e 2,0 mg L^{-1} BA. As condições óptimas para a regeneração de calos de folhas primárias foram alcançadas em meio MS contendo (Nitsch, 1969) vitaminas suplementadas com 2,0 mg L^{-1}

NAA e 2,0 mg L^{-1} BA. A formação de raízes ocorreu em meio MS suplementado com 0,1 mg L^{-1} de NAA. A eficiência da formação de rebentos adventícios pode ser aumentada para um número de 60 rebentos por calo em 3 meses. A multiplicação de rebentos a partir de pontas de rebentos foi observada em meio MS suplementado com 12,0 mg L^{-1} de cinetina. As condições óptimas para a indução de raízes ocorreram tanto em meio MS suplementado com 0,01 mg L^{-1} de NAA como em meio MS sem regulador de crescimento de plantas. As plântulas podem ser transplantadas para solo de vaso.

Puite, 1992 desenvolveu protocolos para a regeneração de *Stevia rebaudiana* através de embriogénese somática. É importante porque esta técnica pode ser usada na propagação clonal desta planta, ou como material de explante para isolamento de protoplastos e regeneração.

Os primórdios de rebentos, capazes de se propagarem vegetativamente a uma taxa muito elevada e de se rediferenciarem facilmente em novas plantas, foram induzidos a partir de pontas de rebentos de *Stevia rebaudiana* Bertoni em meio Gamborg B5 contendo 6-benzilaminopurina (BAP) e ácido alfa-naftalenoacético (NAA) sob luz. A propagação dos primórdios dos rebentos de *Stevia rebaudiana* é rápida e estes são altamente estáveis em termos de número de cromossomas e cariótipo. Os primórdios do rebento podem propagar-se a uma taxa elevada durante um longo período de tempo sem diferenciação. Em qualquer altura, os primórdios de rebentos desenvolveram-se rapidamente em plântulas com rebentos e raízes em 2 ou 3 semanas em cultura estática em meio B5 contendo 0,02 mg L^{-1} BAP e 2% de sacarose. As plântulas foram transplantadas para solo esterilizado para se desenvolverem em plantas adultas normais (Miyagawa *et al.,* 1986).

O rendimento dos compostos edulcorantes presentes no tecido foliar pode variar em função do método de propagação (Tamura *et al.,* 1984), da duração do dia (Metivier e Viana, 1979) e das práticas agronómicas (Shock, 1982).

2.7 Produção de sementes e qualidade da estévia

Tendo em conta as exigências de duração do dia da estévia, a produção de sementes no hemisfério norte situar-se-ia melhor entre 20 e 30 graus de latitude norte. A cultura pode ser transplantada em fevereiro ou março e as sementes recolhidas no final do verão. A floração nestas condições deve ocorrer entre 54-104 d após o transplante, dependendo da sensibilidade das cultivares utilizadas para a produção de sementes à duração do dia (Katayama *et al.,* 1979). O peso de mil sementes de estévia varia geralmente entre 0,15 e 0,30 g e, dependendo da densidade da planta, é possível obter rendimentos de sementes de até 8,1 kg ha^{-1} (Carniero, 1990). A germinação das sementes é muitas vezes deficiente, sendo comuns taxas inferiores a 50% (Miyazaki e Wantenabe, 1974). Dadas as condições acima mencionadas, as sementes produzidas num hectare podem ser suficientes para fornecer transplantes para até 200 hectares de produção de folhas. A viabilidade e o rendimento das sementes são afectados pelas condições de crescimento durante a polinização e o enchimento das sementes. Chuvas excessivas durante a polinização podem afetar o rendimento e a germinação das sementes (Carneiro, 1990, Shuping e Shizhen, 1995). A melhor forma de armazenar a semente é a 0EC, mas mesmo sob condições de baixa temperatura a germinação ainda diminuirá 50% em três anos (Shuping e Shizhen, 1995). A vedação dos recipientes de armazenamento ou a utilização de temperaturas mais baixas não impediram a diminuição da germinação ao longo do tempo.

2.8 Desenvolvimento de cultivares de stevia

Foram utilizados vários processos de melhoramento vegetal para melhorar o rendimento foliar e a concentração de rebaudiosídeo A nas folhas. Com base nas descrições de cultivares do Japão, China e Coreia e no nosso próprio trabalho, parece que existe variabilidade genética suficiente para obter ganhos genéticos significativos no rendimento foliar, no teor de rebaudiosídeo A e na razão entre rebaudiosídeo A e esteviosídeo (Brandle e Rosa, 1992; Lee *et al.,* 1979 e 1982; Shizhen, 1995; Shyu *et al.,*1994 e Morita, 1987). Brandle e Rosa, (1992) descobriram que a hereditariedade do teor de esteviosídeo é elevada (83%), com base em cálculos de um grupo de famílias de meios irmãos. As herdabilidades para o rendimento foliar (75%) e a relação folha/caule (83%) também foram substanciais, indicando que a seleção seria eficaz. A concentração total de glicosídeos doces em algumas linhas da China foi relatada como sendo tão alta quanto 20,5%, e uma proporção de rebaudiosídeo A para esteviosídeo de 9:1 foi divulgada na literatura de patentes japonesa (Shizhen, 1995 e Morita, 1987). Dois métodos de melhoramento relatados por estes últimos autores foram: seleção em massa fenotípica e seleção recorrente para fenótipo, em que as plantas selecionadas são cruzadas antes de outra ronda de seleção. Algumas cultivares, como a seleção de alto teor de rebaudiosídeo A do Japão, e Suweon 2 e 11 da Coreia, baseiam-se na seleção de uma única planta e, devido à auto-incompatibilidade, só podem ser reproduzidas vegetativamente, o que limita a sua utilidade.

Nakamura e Tamura, 1985, estudaram uma população de 300 indivíduos ao acaso e verificaram que as concentrações totais de glicosídeos nas fases de plântula e de colheita não estavam correlacionadas, sugerindo que a seleção precoce para os glicosídeos totais não seria eficaz. No entanto, a proporção de glicosídeos individuais em relação ao total estava correlacionada entre plântulas e plantas maduras, tornando possível a seleção precoce para a composição de glicosídeos. Os autores também observaram uma ampla gama de variação nos quatro principais glicosídeos e descobriram que o dulcosídeo A e o esteviosídeo, e o rebaudiosídeo A e C, estavam positivamente correlacionados entre si. O esteviosídeo e o rebaudiosídeo A, e o dulcosídeo e o rebaudiosídeo C, estavam negativamente correlacionados entre si. Essas correlações podem ser parcialmente explicadas pelas relações biossintéticas entre os glicosídeos individuais, porque o esteviosídeo é o substrato para a síntese do rebaudiosídeo A, plantas com alto teor de rebaudiosídeo A provavelmente terão baixo teor de esteviosídeo (Shibata *et al.*,1991).

2.9 Propriedades químicas da estévia

Os glicosídeos diterpénicos doces da estévia foram objeto de uma série de análises (Kinghorn e Soejarto, 1985, Crammer e Ikan, 1986, e Hanson e De Oliveira, 1993). Embora o interesse pela química dos princípios doces date de muito cedo no século, só em 1931 se registaram progressos significativos na caraterização química, com o isolamento do esteviosídeo (Bridel e Lavieille, 1931a). O tratamento desta substância com o suco digestivo de um caracol deu origem a três moles de glicose e um mol de esteviol, enquanto a hidrólise ácida deu origem ao isosteviol (Bridel e Lavieille, 1931b). O isosteviol também foi obtido quando o esteviol foi aquecido em ácido sulfúrico diluído. Estudos posteriores conduziram ao isolamento de sete outros glicosídeos doces do esteviol. As proporções típicas, numa base de peso seco, para os quatro principais glicosídeos encontrados nas folhas das plantas de estévia selvagem são 0,3% de dulcosídeo, 0,6% de rebaudiosídeo C, 3,8% de rebaudiosídeo A e 9,1% de esteviosídeo.

2.10 Estrutura do esteviol, do isosteviol e do esteviosídeo

A estrutura, a estereoquímica e a configuração absoluta do esteviol e do isosteviol foram estabelecidas, através de uma série de reacções químicas e correlações, mais de 20 anos após o trabalho pioneiro de Bridel e Lavieille (Mosettig e Nes, 1955; Dolder *et al.*, 1960; Djerassi *et al.*, 1961 e Mosettig *et al.*, 1963). As estruturas de estes e outros diterpenos e glucósidos diterpénicos são apresentadas na placa 1. Estudos simultâneos sobre o glicosídeo parental indicaram que um resíduo de D-glucopiranose, hidrolisado em condições alcalinas produzindo esteviolbiosídeo, estava ligado a um grupo carboxilo (Wood *et al.*, 1955), enquanto os outros dois eram componentes de um grupo soforosilo (Vis e Fletcher, 1956) ligado à aglicona através de uma ligação $-glicosídica (Yamasaki *et al.*, 1976). O apoio à estereoquímica proposta foi obtido pela transformação sintética do esteviol em esteviosídeo (Ogawa *et al.*, 1980).

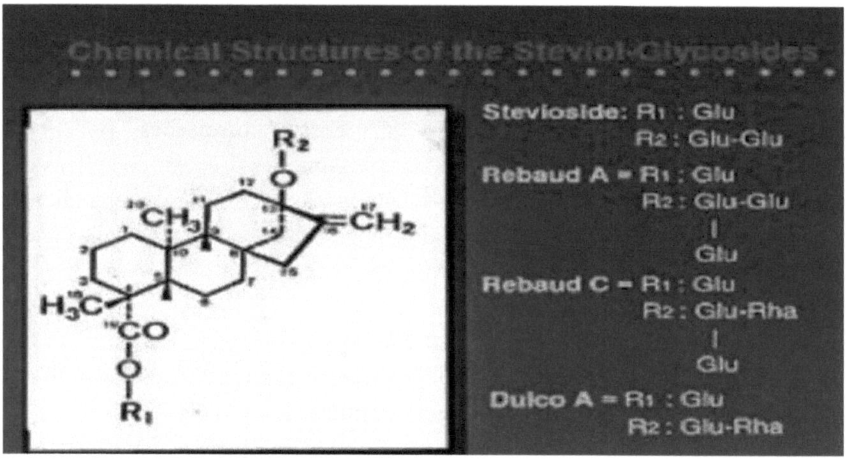

Placa 1. Fórmula estrutural dos glicosídeos de esteviol

Anteriormente, tinham sido comunicadas várias abordagens à síntese *in vitro* do esteviol (Cook e Knox, 1970; Nakahara *et al.,* 1971; Mori *et al.,*1972; Ziegler e Kloek, 1977). Recentemente, foram publicados dados espectroscópicos relativos ao esteviosídeo e ao esteviolbiosídeo (Van Calsteren *et al.,* 1993).

2.11 Propriedades funcionais e sensoriais dos edulcorantes à base de glicosídeos de esteviol

Dos quatro principais edulcorantes glicosídeos diterpénicos doces presentes nas folhas de estévia, apenas dois, o esteviosídeo e o rebaudiosídeo A, tiveram as suas propriedades físicas e sensoriais bem caracterizadas. O esteviosídeo e o rebaudiosídeo A foram testados quanto à sua estabilidade em bebidas carbonatadas e verificou-se que eram estáveis ao calor e ao pH (Chang e Cook, 1983). No entanto, o rebaudiosídeo A estava sujeito a degradação após exposição prolongada à luz solar. Kinghorn e Soejarto, 1985, também citam numerosos estudos japoneses que demonstram que o esteviosídeo é muito estável.

Phillips, 1989, resumiu a investigação sensorial inicial. O esteviosídeo era entre 110 e 270 vezes mais doce do que a sacarose, o rebaudiosídeo A entre 150 e 320, e o rebaudiosídeo C entre 40 e 60. O dulcosídeo A era 30 vezes mais doce do que a sacarose. O rebaudiosídeo A era o menos adstringente, o menos amargo, tinha o sabor residual menos persistente e foi considerado como tendo os atributos sensoriais mais favoráveis dos quatro principais glicosídeos de esteviol (Phillips, 1989, Tanaka, 1997). Dubois e Stephanson (1984) também confirmaram que o rebaudiosídeo A é menos amargo do que o esteviosídeo e demonstraram que as notas amargas do esteviosídeo e do rebaudiosídeo A são uma propriedade inerente dos compostos e não necessariamente o resultado de impurezas em extractos de plantas inteiras. Relativamente a outros edulcorantes de elevada potência, como o apsartame, o amargor tende a aumentar com a concentração tanto do esteviosídeo como do rebaudiosídeo A (Schiffman *et al.*, 1994). Tanto o esteviosídeo quanto o rebaudiosídeo A são sinérgicos em misturas com outros edulcorantes de alta potência, como o aspartame, e são bons candidatos para inclusão em misturas (Schiffman *et al.*, 1995). Embora possam existir aplicações especiais para os outros glicosídeos, o aumento dos níveis de rebaudiosídeo A nas folhas de estévia é um objetivo claro para o trabalho de melhoramento.

2.12 Doçura e metabolismo da stevia

Embora existam mais de 180 espécies da planta Stevia, apenas *a Stevia rebaudiana* dá a essência mais doce devido ao facto de estas folhas acumularem oito glicosídeos diterpénicos doces (Soejarto *et al.*, 1983).

Ao nível de toda a planta, os glicosídeos de esteviol tendem a acumular-se nos tecidos à medida que envelhecem, de modo que as folhas inferiores mais velhas têm mais adoçante do que as superiores mais jovens
folhas. Como os cloroplastos são importantes na síntese de precursores, esses tecidos

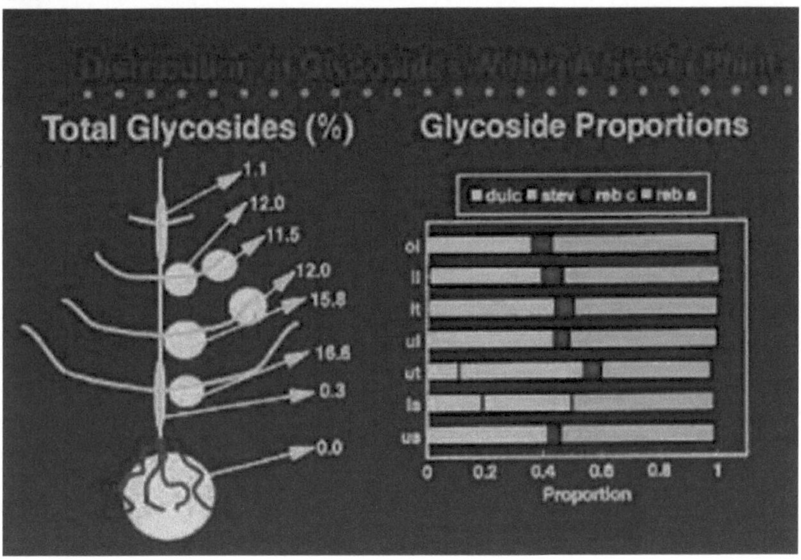

Placa 2. Distribuição dos glicosídeos numa planta de Stevia

As folhas, como as raízes e os caules inferiores, são desprovidas de clorofila e não contêm glicosídeos ou contêm apenas vestígios. Uma vez iniciada a floração, as concentrações de glicosídeos nas folhas começam a diminuir. A distribuição de glicosídeos numa planta de estévia (http:// website[3], 2010) é apresentada na Placa 2.

O esteviosídeo, o principal componente doce das folhas de Stevia rebaudiana (Bertoni) Bertoni tem um sabor cerca de 300 vezes mais doce do que a sacarose (solução a 0,4%) (Geuns, 2003). Outros compostos presentes, mas em menor concentração, são: esteviolbiosídeo 2, rebaudiosídeo A 4, B 5, C 6, D 7, E 8, F 9 e dulcosídeo A 10 (Kennelly, 2002 e Starrat *et al.*, 2002).

Um extrato de um ou mais destes compostos pode ser até 300 vezes mais doce do que o açúcar (Duke, 1993). A concentração total de glicosídeos doces em algumas linhas da China foi relatada como sendo tão alta quanto 20,5% e a proporção de rebaudiosídeo-A para esteviosídeo de 9:1 foi divulgada na literatura de patentes japonesa (Shizhen 1995 e Morita, 1987).

A Stevia não tem praticamente calorias. Dissolve-se facilmente em água e mistura-se bem com todos os outros edulcorantes. Foi utilizada num delicioso gelado caseiro com baixo teor de hidratos de carbono (Atkins, 1994).

Ao contrário de muitos edulcorantes de baixas calorias, o esteviosídeo é estável a temperaturas elevadas (100°c) e numa gama de valores de pH (pH 3-9) (Kinghorn e Soejarto, 1985).

Chang e Cook, em 1983, testaram a estabilidade do esteviosídeo puro e do rebaudiosídeo A em bebidas carbonatadas fosfóricas e acidificadas com ácido cítrico durante o armazenamento a longo prazo, do ponto de vista químico, microbiológico e organolético. A cromatografia em camada fina e a cromatografia líquida de alta pressão foram utilizadas para seguir a degradação química destes edulcorantes de Stevia. Foi observada alguma degradação de ambos os edulcorantes após 2 meses de armazenamento a 37°C; no entanto, não se verificaram alterações significativas à temperatura ambiente ou inferior após 5 meses de armazenamento do esteviosídeo, ou 3 meses de armazenamento do rebaudiosídeo A. A exposição a 1 semana de luz solar não afectou o esteviosídeo, mas resultou numa perda de aproximadamente 20% do rebaudiosídeo A. O aquecimento a 60°C durante 6 dias resultou numa perda de 0-6% dos edulcorantes.

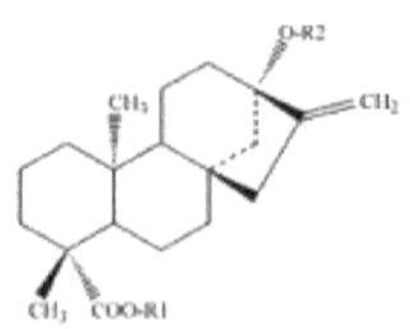

	Nome do composto	RI	R2
1	esteviol	li	II
2	esteviolbicsídeo	H	ß-Glc-ß-Glc(2->1)

3	stcviosidc	ß-Gk	ß-Gk-ß-Glc(2-> 1)
4	rebaud ios ide A	ß-GIc	ß-Gk-ß-Glc(2 >1} ß-Glc(3->1)
5	rebaudiosídeo B	li	ß-Glc-ß-Gk<2->l) ß-GW^l)
6	rebaudtostdc C (dulcosídeo B)	ß-Gk	ß-Gk-a-Rlia(2->l) 1 ß-Gk(3- >1)
7	rebaudiosídeo Г)	ß-Gk-ß-Gk(2->l)	ß-Glc-ß-Glc(2->1) ß-Glc(3->1)
8	re baud i os i de E	ß-Gk-ß-Gk(2-> 1)	ß-Glc-ß-Glc(2->l)
9	rebaudiosidc F	ß-Gk	ß-Glc-ß-Xil(2->l) ß-Gk(3->l)
Iß	dulcosídeo A	ß-Gk	ß-Glc-ct-Rha(2->lJ

O esteviosídeo é um edulcorante natural não calórico isolado das folhas de *Stevia rebaudiana*. É cerca de 300 vezes mais doce do que a sacarose (Bridel e Lavielle, 1931). Por conseguinte, é um substituto popular do açúcar numa variedade de alimentos e é frequentemente utilizado como suplemento alimentar no Japão, China, Coreia do Sul e Taiwan. O esteviosídeo pode ser degradado em esteviol, uma aglicona, pela microflora intestinal de várias espécies animais, incluindo o homem (Hutapea *et al.*, 1997 e Koyama *et al.*, 2003b). O esteviosídeo é uma grande molécula neutra com regiões polares e hidrofóbicas, enquanto o esteviol contém um anel hidrofóbico e uma carga negativa no grupo carboxílico. Para além das suas propriedades adoçantes, o esteviosídeo demonstrou ter um valor terapêutico potencial como contracetivo (Melis, 1999) e como agente anti-hipertensivo (Chan *et al.*, 1998; Jeppesen *et al.*, 2002, 2003). O consumo contínuo de extrato de esteviosídeo durante 3 meses reduziu a pressão arterial em pacientes hipertensos (Chan *et al.*, 2000). Tanto o esteviosídeo como o esteviol alteram o metabolismo da glicose (Suanarunsawat e Chaiyabutr, 1997) e a absorção da glicose (Toskulkao *et al.*, 1995). Foi também proposto que desempenham um papel potencial como agentes anti-hiperglicémicos, estimulando a secreção de insulina pelas células beta pancreáticas (Jeppesen *et al.*, 2000, 2002, 2003). Concluiu-se corretamente que o esteviol é o único metabolito nas fezes e não é metabolizado posteriormente (Hutapea *et al.*, 1997; Koyama *et al.*, 2001, 2003a; Gardana *et al.*, no prelo e Geuns *et al.*, 2003, no prelo).

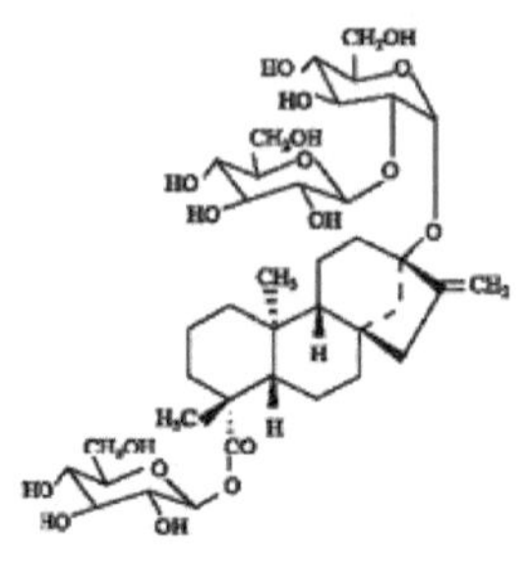

Stevioside ($C_{38}H_{60}O_{18}$)

A língua humana consegue detetar cinco componentes gustativos básicos: doce, ácido, salgado, amargo e umami.

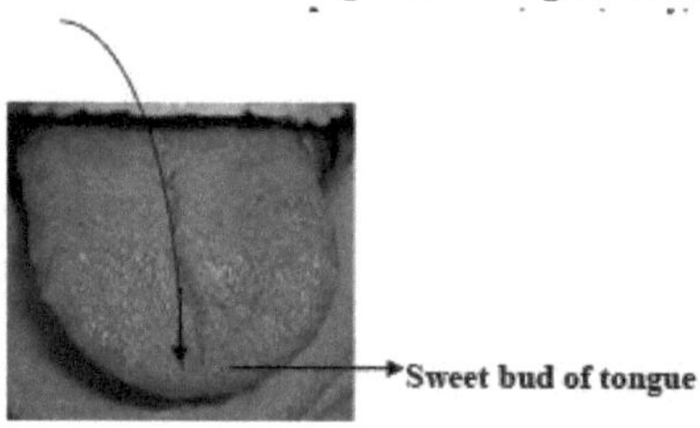

O doce botão da língua

Paladar da doçura através do lobo olfativo através do neurotransmissor

↓

Doçura do esteviosídeo devido à concentração de oito glicosídeos diterpénicos

↓

Passar para o trato digestivo sem decompor o esteviosídeo

↓

Nenhuma alteração metabólica do esteviosídeo

↓

Passar através do corpo com a urina/ fezes.

Placa 3. Metabolismo do esteviosídeo no corpo humano.

2.13 . Segurança da stevia

Foi demonstrado que o esteviosídeo oral não é absorvido pelo corpo humano ou a absorção é extremamente baixa (Yamamoto *et al.*, 1985; Bracht *et al.*, 1985; Koyama *et al.*, 2003b e Geuns *et al*, no prelo a) e nenhuma das enzimas digestivas do trato gastrointestinal de diferentes animais e do homem é capaz de degradar o esteviosídeo em esteviol, a aglicona do esteviosídeo (Wingard *et al.*, 1980; Hutapea *et al.*, 1997 e Koyama *et al.*, 2001, 2003a).

Suttajit (1993) concluiu que o esteviosídeo e o esteviol não são mutagénicos nem clastogénicos *in vitro* em doses limitadas; no entanto, os testes genotóxicos *in vivo* e os efeitos a longo prazo do esteviosídeo e do esteviol ainda não foram investigados.

Os compostos doces passam pelo processo digestivo sem se decomporem quimicamente, tornando a Stevia segura para quem precisa de controlar o seu nível de açúcar no sangue (Strauss, 1995). O esteviosídeo e o rebaudiosídeo A são ambos não cancerígenos (Das *et al.*, 1992).

Yodyinguad e Bunyawong (1991) concluíram que o esteviosídeo numa dose tão elevada como 2,5 g kg^{-1} de peso corporal por dia^{-1} não afecta nem o crescimento nem a reprodução dos hamsters.

Estudos clínicos recentes demonstraram que pode aumentar a tolerância à glucose e diminuir os níveis de açúcar no sangue. Dos dois edulcorantes (aspartame e Stevia), a Stevia ganha em termos de segurança (Whitaker, 1994).

Toskulkao *et al.,* 1997, investigaram a toxicidade aguda do esteviosídeo e do esteviol (um produto da hidrólise enzimática do esteviosídeo) em três espécies animais, incluindo a ratazana, o rato e o hamster. Foi comparada a suscetibilidade à toxicidade aguda do esteviosídeo e do esteviol em ambos os sexos destas espécies animais. Os animais foram tratados por via intragástrica com esteviosídeo ou esteviol e foram observados os sinais e sintomas gerais. O número de animais mortos foi registado num período de 14 dias após a administração para estimar a DL50. O esteviosídeo numa dose tão elevada como 15 g kg^{-1} BW não foi letal para ratinhos, ratos ou hamsters. Verificou-se que os hamsters são mais susceptíveis ao esteviol do que os ratos ou os ratinhos. Os valores LD50 do esteviol em hamsters foram de 5,20 e 6,10 g kg^{-1} BW para machos e fêmeas, respetivamente. Nos ratos e ratazanas, os valores LD50 do esteviol foram superiores a 15 g $kg^{(-1)\text{ de peso}}$ vivo em ambos os sexos. O exame histopatológico do rim de hamsters induzido pelo esteviol revelou uma degeneração grave das células tubulares proximais. Estas alterações estruturais estavam correlacionadas com os aumentos do azoto ureico no sangue (BUN) e da creatinina. Por conseguinte, a possível causa de morte induzida pelo esteviol pode dever-se a uma insuficiência renal aguda.

Em estudos de toxicidade aguda, Xili *et al.,* 1992, sugeriram um LD50 de 8,2 g kg^{-1} para um extrato refinado de esteviosídeo e uma dose diária aceitável de esteviosídeo de 7,9 mg kg^{-1}.

Geuns, 2003 concluiu que a Stevia e o esteviosídeo são seguros quando utilizados como adoçantes. É adequado tanto para diabéticos como para doentes com PKU, bem como para pessoas obesas que pretendem perder peso evitando suplementos de açúcar na dieta. Não parecem existir reacções alérgicas a este

produto.
A literatura relacionada com a segurança dos edulcorantes de Stevia concluiu que as folhas de Stevia e o esteviosídeo são seguros para consumo humano (Kinghorn e Soejarto, 1985 e Kinghorn, 1992). Até à data, não existem relatos de efeitos adversos decorrentes da utilização de produtos de Stevia por seres humanos (Brandle e Rosa, 1992). Apesar de a Stevia ter ganho atenção como agente adoçante, foram comunicados outros efeitos medicinais. De acordo com as conclusões da Organização Mundial de Saúde (OMS), regula a tensão arterial, combate as cáries, induz o pâncreas a produzir mais insulina e actua como agente bactericida (Bhosle, 2004).

2.14 A estévia é uma nova cultura no Bangladesh.

Khan *et al.,* (2010) referiram que a estévia é uma nova cultura no Bangladesh. Foi introduzida pelo Bangladesh Sugarcrop Research Institute em 2001. O rendimento da estévia influencia significativamente alguns factores como a época de plantação, os métodos de cultivo, a dose de fertilizante, o espaçamento, a lavoura, a poda, a irrigação, a soqueira, os insectos e as doenças. Os autores observaram que a secagem do material de folhas verdes macias é concluída imediatamente após a colheita, utilizando um vagão de secagem e estimaram que 100 kg de peso verde são secos até 25 kg de peso seco. A secagem da estévia em condições artificiais é afetada pelas condições meteorológicas. As folhas secas são armazenadas num recipiente de plástico com ar condicionado.
O diabetes é um problema grave em todo o mundo. No nosso país, cerca de 90 milhões de pessoas sofrem desta doença grave, o que representa cerca de 5,9% da população total. Mas a mensagem mais alarmante é que o número de crianças com idades compreendidas entre os 8 e os 20 anos também está a sofrer desta doença grave. Nesta situação, a stevia pode ajudar este grande número de pessoas e, para além disso, pode contribuir para a nossa economia nacional.
Roy (2009) observou que todos os caracteres que contribuem para o crescimento e a produção da estévia, incluindo o peso seco da folha da planta $^{-1}$ e o peso seco da folha ha $^{-1}$, foram significativamente influenciados pela combinação de fertilizantes NPK, FYM e a sua interação. No caso de fertilizantes NPK combinados, a estévia mostrou valores mais altos para todos os caracteres, incluindo peso seco da folha da planta^{-1} e peso seco da folha ha^{-1} com fertilizantes NPK combinados @ 1.14g Urea, 0.58g TSP e 1.39g MP i.e.; 0.52 N, 0.12g P e 0.69g K pot^{-1}, nutrientes NPK @ 105.3, 24.29 e 135.3 kg ha^{-1}. Estrume de quintal (FYM) 202.68g FYM i.e.; 1.03g N, 0.85g P e 1.30g K pot^{-1}, NPK nutrientes @ 204, 168 e 256 kg ha^{-1} produziu os valores mais altos para todos os caracteres incluindo peso seco de folha planta^{-1} e peso seco de folha ha^{-1}. Os valores mais altos para todos os caracteres, incluindo peso seco da folha da

planta $^{-1}$ e peso seco da folha ha $^{-1}$ devido à interação do fertilizante NPK combinado @ 1.14g Ureia, 0.58g TSP e 1.39g MP i.e.; 0.52g N, 0.12g P e 0.69g K $_{pot-1}$ NPK nutrientes @ 105.3, 24.29 e 135.3 kg $_{ha-}$^{1}) x FYM @ 202.68g FYM i.e.; 1.03g N, 0.85g P e 1.30g K pot^{-1}, NPK nutrientes @ 204, 168 e 256 kg ha^{-1}) i.e.; combinados 1.56g N, 0.97g P e 1.98g K pot^{-1}, NPK nutrientes @ 307.5, 192.29 e 391.3 kg ha^{-1} para obter o maior peso seco de folha planta^{-1} e o maior peso seco de folha ha$^{(-1)}$e o maior peso seco de folha ha^{-1} respetivamente assegurando a boa saúde do ambiente do solo.

Hossain *et al.*, (2009) referiram que a fraca produção de sementes e a baixa germinação constituíam um obstáculo ao cultivo da estévia. Por conseguinte, a produção de sementes de qualidade e a fácil propagação tornam-se a melhor opção para a investigação. Foi realizada uma experiência para produzir sementes com um espaçamento de 45 cm x 45 cm na quinta BSRI em 1 de março de 2007. Para a propagação vegetativa foram utilizados rebentos e estacas de caule com 3 a 4 nós. A altura média das plantas e o número de ramos por planta foram de 1,17 m e 10,42, respetivamente. A produção de sementes foi possível, seguida de uma germinação bem sucedida. Os rebentos e as estacas de caule foram estabelecidos com êxito no campo para cultivo. O rendimento de folhas secas por planta e por hectare foi de 38,63g e 1433,43 kg ha^{-1}, respetivamente. Os resultados indicam a possibilidade de produção de sementes e a fácil propagação da estévia para um cultivo bem sucedido.

Nasrin (2008) relatou que os valores de crescimento, produção de folhas e atributos de produção de stevia aumentaram com o aumento do nível de N. A maior altura de planta, número de ramos e folhas, comprimento e largura da folha, peso fresco e seco da folha foram observados na planta que foi fertilizada com 250 Kg N ha^{-1} e o menor no controlo. Os conteúdos de clorofila e proteína das folhas de estévia foram significativamente influenciados pela aplicação de diferentes níveis de N e os valores mais altos foram obtidos na planta fertilizada com 200 kg N ha^{-1}. Os valores mais elevados de todos os teores de nutrientes e da sua absorção foram obtidos no tratamento com N200, exceto os teores de Mn, Cu e Na, bem como a sua absorção, que foram mais elevados nas plantas tratadas com 250 kg N ha^{-1}. Foram observadas correlações significativas e positivas entre diferentes parâmetros físicos e químicos da estévia, nomeadamente altura da planta e número de folhas, número de ramos e número de folhas, teores de N e S, Zn e B, Zn e Cu e B e Cu. Os resultados globais sugerem, portanto, que a estévia pode ser cultivada em solo não calcário fertilizado com 200 kg de N ha^{-1} para uma maior produção de folhas e teores de nutrientes para a sua produção em grande escala no Bangladesh.

2.15 As principais vantagens da Stevia são as seguintes (http:// website[4], 2010)

- ❖ Trata-se de um produto totalmente natural e não sintético.
- ❖ Tem ZERO açúcar. O esteviosídeo (o adoçante) não contém absolutamente nenhuma caloria.
- ❖ As folhas podem ser utilizadas no seu estado natural.
- ❖ Graças ao seu enorme poder adoçante, só é necessário utilizar pequenas quantidades.
- ❖ A planta não é tóxica.
- ❖ As folhas, bem como o extrato puro de esteviosídeo, podem ser cozinhados.
- ❖ Sem sabor residual ou amargo.
- ❖ Estável quando aquecido até 200 graus.
- ❖ Não fermentativo.
- ❖ Intensificação do sabor.
- ❖ Clinicamente testado e frequentemente utilizado por seres humanos sem efeitos negativos.
- ❖ Adoçante ideal e não viciante para as crianças.

CAPÍTULO III

MATERIAIS E MÉTODOS

A experiência foi conduzida de março de 2010 a agosto de 2010 na exploração experimental do Bangladesh Sugarcrop Research Institute (BSRI), Ishwardi, Pabna, Bangladesh. Os materiais necessários e os métodos seguidos na experiência durante o período de estudo são apresentados neste capítulo.

3.1 Descrição do sítio experimental

3.1.1 Localização

O sítio está localizado a 2408' de latitude norte e 89004' de longitude leste e situado a cerca de 15,5 m acima do nível médio do mar (Fig. 3.1). O sítio experimental representa os solos da planície de inundação do alto rio Ganges na AEZ 11.

3.1.2. Solos e terras

As experiências foram efectuadas num solo calcário de terras altas com boa drenagem interna. A categoria da terra era terra média alta. O solo pertence à série Sara de solo calcário (Quadro 3.1). O solo era de textura franco-arenosa, com pH 7,62, carbono orgânico 0,88%, N total (0,05%), fósforo disponível 16,00 µg g solo $^{-1}$, enxofre disponível 17,0µg g solo $^{-1}$, potássio permutável 0,13 meq 100 g solo $^{-1}$ e zinco disponível 0,77 mg Kg solo $^{-1}$ (Quadro 3.2).

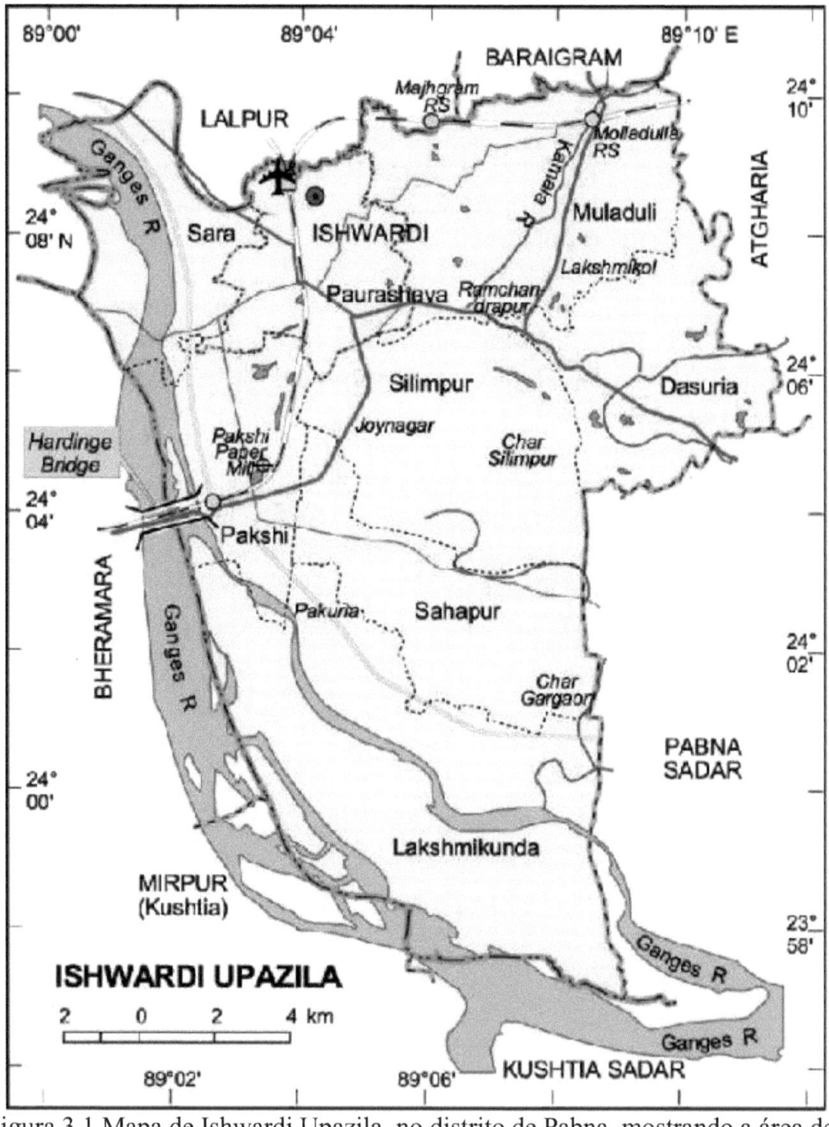

Figura 3.1 Mapa de Ishwardi Upazila, no distrito de Pabna, mostrando a área de realização da investigação

3.1.3 Clima

A temperatura máxima, mínima e média do ar (°C), a humidade relativa (%), a precipitação total (mm), a insolação (horas por mês^{-1}) e a evaporação média mensal (mm) durante o período experimental são apresentadas na Tabela 3.3. A temperatura mínima variou de 23,60 a 28,15^{0}C, enquanto a temperatura máxima variou de 31,06 a 34,34^{0}C com a temperatura média variando de 27,33 a

31,19^{0}C. A precipitação máxima ocorreu em

Quadro 3.1 Descrição morfológica do solo

AEZ	AEZ 11 (planície de inundação do alto rio Ganges)
Tipo geral de solo	Castanho calcário Planície de inundação
Material de origem	Aluvião do rio Ganges
Série de solos	Sara
Tipo de solo	Franco-arenoso
Tipo de terreno	Terreno médio alto
Drenagem	Moderado
Nível de inundação	Solo sazonalmente pouco profundo e inundado

Quadro 3.2 Propriedades físicas e químicas do sítio experimental

Componentes	**Valor**
Caraterísticas físicas	
% Areia (2 - 0,05 mm)	55
% Silte (0,05 - 0,002 mm)	30
% Argila (< 0,002 mm)	15
Classe textural	Franco-arenoso
Caraterísticas químicas	
pH (Solo : Água = 1 : 2,5)	7.62
Carbono orgânico (%)	0.88
CEC (meq 100 g^{-1} de solo)	12.25
Total N (%)	0.05
P disponível (mg kg^{-1})	16.0
S disponível (mg kg^{-1})	17.0
K permutável (meq 100 g^{-1} de solo)	0.13
Zn disponível (mg kg^{-1})	0.77

maio de 2010, enquanto a precipitação mínima foi registada em abril de 2010 e nenhuma precipitação em março de 2010. A humidade média mais elevada foi registada no mês de junho de 2010, seguida de julho de 2010 e agosto de 2010 e a mais baixa em março de 2010. O valor mais elevado de horas de sol por mês $^{-1}$ (184,50 horas) foi registado no mês de maio de 2010, enquanto o valor mais baixo (161,82 horas) foi registado nos meses de março e julho de 2010. A evaporação média mensal mais elevada (5,16 mm) foi registada no mês de abril de 2010 e a mais baixa (2,62 mm) foi registada no mês de julho de 2010.

Quadro 3.3 Dados meteorológicos do período experimental (março a agosto de 2010) na exploração BSRI, Ishwardi, Pabna.

Mês	Ano	** Temperatura do ar (°C)			** Humidade relativa (%)	*Precipitação total mês^{-1} (mm)	Sunshine horas mês $^{-1}$	Média mensal Evaporação do solo (mm)
		Mamã Maxi	Mini-mãe	Idade média				
março	2010	31.06	23.60	27.33	69.69	Nulo	161.82	4.66
abril	2010	34.34	28.05	31.19	77.56	30.22	184.5 0	5.16
maio	2010	32.21	27.63	29.92	80.59	135.16	150.35	4.11
junho	2010	32.13	28.15	30.14	85.77	115.80	110.98	3.21
julho	2010	31.93	27.87	29.90	85.56	73.78	161.82	2.62
agosto	2010	32.08	28.09	30.08	83.70	61.09	163.05	3.16

1 Total mensal

2 * Média mensal

Fonte: Bangladesh Sugarcrop Research Institute (BSRI), Ishwardi, Pabna.

3.2 Cultura de ensaio

A cultura de ensaio foi a estévia. As plântulas de estévia (placa 4) foram colhidas no Bangladesh Sugarcrop Research Institute, Ishwardi, Pabna, Bangladesh. As plântulas eram saudáveis e de crescimento vigoroso, com 20-22 cm de altura e 60 dias de idade.

Placa 4. Plântula de estévia

3.3 Preparação do terreno

3.3.1 Plantação no terreno:

O terreno foi aberto por uma charrua de discos puxada por trator e a preparação final foi feita por lavoura e lavoura cruzada com uma charrua e grade de trator, seguida de escada. O traçado do campo foi efectuado em 27 de março de 2010, após a preparação final do terreno.

3.3.2 Plantação de mangueiras:

Sob a mangueira, o terreno foi aberto à mão com uma pá e a preparação final foi efectuada com uma pá.

As ervas daninhas e o restolho foram removidos e limpos de cada parcela em conformidade. As doses básicas de fertilizantes foram aplicadas durante a preparação final do terreno. Ureia, TSP, MOP foram aplicados a 152, 50 e 40 kg ha^{-1}, respetivamente. A dose completa de TSP foi aplicada na preparação final do terreno. A dose basal de ureia (1/3 rd) foi aplicada como cobertura aos 30 dias após o transplante. A quantidade restante de ureia e MOP foi aplicada como cobertura em duas parcelas iguais aos 60 e 90 DAT.

3.3.3 Plantação em vaso:

Preparação dos vasos:

Foram utilizados vasos de tamanho médio (35 cm x 25 cm) na experiência. Cada vaso foi preenchido com 10 kg de solo seco ao sol. Os propágulos de plantas, os materiais inertes, os insectos visíveis e as pragas foram removidos do solo.

As doses de fertilizante aplicadas são apresentadas a seguir:

Fertilizantes	Doses kg ha-1	Quantidade g $pote^{-1}$
Ureia	152	7.6
TSP	50	2.5
MOP	40	2.0

Os TSP totais foram aplicados como dose basal durante a preparação final do solo. A dose basal de ureia (1/3 rd) foi aplicada como cobertura aos 30 dias após o transplante. A quantidade restante de ureia e MOP foi aplicada como cobertura em duas parcelas iguais aos 60 e 90 DAT.

3.4 Tratamentos e conceção da experiência

O presente trabalho de investigação foi realizado com três métodos de cultivo.

Os métodos de cultivo são os seguintes

T1 : Cultura do campo

T2 : Em cultura de mangueiras

T3 : Cultura em vaso

O experimento foi realizado em um delineamento aleatório completo (CRD) com cinco (5) repetições.

3.5 Operações interculturais

As operações interculturais, como a monda, a irrigação, a drenagem, etc., foram efectuadas como e quando necessário, tendo em conta a situação atual do campo, sob plantação de mangueiras e cultivo em vaso. Em média, a monda foi efectuada com um intervalo de 15-20 dias e a irrigação por inundação foi aplicada com intervalos de 7-10 dias, tendo em conta a precipitação. A infestação de insectos e pragas da planta de estévia neste período foi rastreada.

3.6 Preenchimento de lacunas

As mudas mortas foram substituídas por mudas frescas nos 15 dias seguintes à transplantação.

3.7 Colheita

A colheita foi efectuada 147 dias após a transplantação, quando a cultura atingiu a maturidade. A parte vegetativa da planta, especialmente as folhas, foi arrancada cuidadosamente e lavada brevemente para remover a terra e outros materiais estranhos. As folhas frescas foram depois pesadas como planta^{-1}.

3.8 Recolha de dados experimentais

Foram registados os dados relativos aos seguintes parâmetros

1. Altura da planta (cm)
2. Número de plantas de ramos^{-1}
3. Número de folhas da planta^{-1}
4. Área foliar da planta^{-1} (cm^2)
5. Comprimento médio das folhas (cm)
6. Largura média das folhas (cm)
7. Perímetro
8. Comprimento e largura da folha Rácio
9. Fator de forma
10. Área de acumulação (cm)
11. Peso fresco da planta^{-1} (g)
12. Peso seco da planta^{-1} (g)
13. Produção de folhas frescas por planta^{-1} (g)
14. Produção de folhas secas por planta^{-1} (g)

3.9 Procedimento de recolha de dados

3.9.1 Altura da planta (cm)

A altura da planta foi medida a partir da base da planta (nível do solo) até à ponta da folha mais alta e foi expressa em cm. A medição foi efectuada imediatamente antes da colheita.

3.9.2 Número de ramificações^{-1}

O número de ramos de cada planta foi contado à mão e registado. Esta contagem foi efectuada no momento da medição da altura.

3.9.3 Número de folhas da planta^{-1}

O número de folhas de cada planta foi contado à mão e registado.

3.9.4 Área foliar da planta^{-1} (cm^2)

A área foliar de todas as folhas separadas de cada planta foi medida com a ajuda de um medidor de área foliar no laboratório de fisiologia e química do açúcar, BSRI, Ishurdi, Pabna. A medição foi efectuada logo após a colheita, para evitar o enrolamento das folhas.

3.9.5 Comprimento da folha (cm)

O comprimento médio das folhas foi medido com um medidor de área foliar.

3.9.6 Largura da folha (cm)

A largura média das folhas também foi medida com um medidor de área foliar.

3.9.7 Perímetro

O comprimento do perímetro externo da folha, em cm, também foi medido pelo medidor de área foliar.

3.9.8 Relação entre o comprimento e a largura da folha

A razão de aspeto da folha também foi medida por um medidor de área foliar.

3.9.9 Fator de forma

Um valor que mostra a proximidade da forma medida a um círculo perfeito foi também medido por um medidor de área foliar.

3.9.10 Zona de acumulação

A área total, em cm^2, de duas ou mais medições foi também medida por um medidor de área foliar.

3.9.11 Peso fresco da planta^{-1} (g)

A pesagem foi efectuada logo após a colheita da planta total.

3.9.12 Peso seco da planta^{-1} (g)

O peso seco total das plantas foi obtido após secagem ao sol e em estufa.

3.9.13 Produção de folhas frescas por planta^{-1} (g)

A pesagem foi efectuada logo após a colheita das folhas totais.

3.9.14 Produção de folhas secas por planta^{-1} (g)

O peso seco das folhas foi obtido após secagem ao sol e em estufa.

3.9.15. A Cultivo no campo: Espaçamento de 45 cm x 45 cm = Total de plantas de estévia
49,383 ha^{-1}.

3.9.15. B Em cultura de mangueiras: Mangueira Amropali 400 ha^{-1} (precisa de 400 m2 de área) e 9600 m2 de planta de estévia = espaçamento de 45 cm x 45 cm = total de plantas de estévia 34.075.

3.9.15. C Cultura em vaso:

Peso fresco/seco da folha (kg ha^{-1}) e peso fresco/seco total da planta^{-1}(g), respetivamente, com 36,39 {uma vez que a superfície superior do solo do vaso era = $\pi\tau^2 = \pi \chi 35$ cm χ 25 cm = 2747,5 cm^2 e cada vaso compreende uma planta. Assim, o fator de conversão 36,396.72 em cada rendimento em g ha^{-1} foi obtido dividindo 10,00,00,000 cm^{-2} (1 ha) por 2747.5 cm^{-2} o que equivale a aproximadamente 36.39 no caso de rendimento em Kg ha^{-1}}.

3.10 . Análise da amostra de solo

3.10.1 Preparação da amostra de solo

As amostras de solo recolhidas eram compostas e foram secas ao ar, moídas e peneiradas através de um peneiro de 2 mm e analisadas quanto à textura do solo, pH do solo, carbono orgânico, CEC, N total, S disponível, P, K permutável e Zn.

3.10.2 Análise granulométrica

A análise granulométrica dos solos recolhidos foi efectuada através do método do hidrómetro (Black, 1965) e as classes texturais foram identificadas através da plotagem dos valores de % de areia, % de silte e % de argila na "Coordenada Triangular de Marshall", de acordo com o sistema USDA.

3.10.3 pH do solo

O pH do solo foi medido com um medidor de pH de elétrodo de vidro (WTW pH 522) numa relação solo/água de 1:2,5, tal como descrito por Ghosh *et al.*, 1983. Vinte gramas de solo seco ao ar foram colocados num recipiente de plástico e foram-lhe adicionados 50 ml de água destilada. A suspensão foi bem agitada várias vezes e deixada em repouso durante cerca de uma hora. Em seguida, o elétrodo foi imerso na suspensão de solo parcialmente sedimentada e o pH foi medido.

3.10.4. Carbono orgânico

O carbono orgânico no solo foi determinado volumetricamente pelo método de oxidação húmida de Walkley e Black (1975). O teor de matéria orgânica foi calculado multiplicando a percentagem de carbono orgânico por 1,73 (fator de Van Bemmelen).

3.10.5 Capacidade de permuta catiónica

A capacidade de troca catiónica do solo foi determinada pelo método de saturação de sódio. A amostra foi saturada com uma solução de NaOAc 1 N, seguida da substituição de Na^+ das amostras saturadas por NaOAc 1 N a pH 7,0. A quantidade de Na^+ na solução foi então determinada por fotómetro de chama.

3.10.6 Fósforo disponível

O P disponível no solo foi extraído com NaHCO3 0,5 M a um pH de 8,5. O P no extrato foi determinado pelo método SnCl2. A intensidade da cor azul do complexo azul de molibdofosfato foi medida com a ajuda de um espetrofotómetro (Supertonic® GENESYS ™ 5 336001 CAT) regulado para 660 nm (Olsen *et al.,* 1954).

3.10.7 Teor de potássio permutável

O K permutável foi extraído com uma solução 1 N de NH_4OAc. Em seguida, o K foi determinado diretamente com a ajuda de um espetrofotómetro de emissão de chama (Jenway PFP 7) utilizando um padrão específico.

3.10.8 Enxofre disponível

O enxofre foi determinado pelo método turbidimétrico com a ajuda de um espetrofotómetro (Wolf, 1982). Foi utilizada uma solução de CaCl2 (0,15%) como extrato de solo. Vinte gramas de solo foram colocados num frasco cónico de 250 ml e foram adicionados 40 ml de solução de CaCl2. Após 30 minutos de agitação, o conteúdo foi filtrado através de papel de filtro. Colocaram-se cerca de 10 ml de extrato num tubo, adicionou-se 1 ml de solução ácida de sementes e 0,5 g de BaCl2 $2H_2O$ e misturou-se bem. A intensidade das cores foi lida num espetrofotómetro a 420 nm de comprimento de onda após 20 minutos.

3.11 Análises de plantas

As amostras de plantas recolhidas de cada vaso da parcela $^{-1}$ foram secas numa estufa a 60^0C durante cerca de 48 horas e foram moídas até passarem por um peneiro de 20 malhas num moinho. As amostras preparadas foram então colocadas em sacos de papel e mantidas em dessecadores até à sua utilização.

3.11.1 Determinação do azoto

A estimativa do azoto foi feita pelo método Micro-Kjeldahl (Bremner e Mulvaney, 1982), que depende do facto de o azoto orgânico, quando digerido com ácido sulfúrico concentrado, ser convertido em sulfato de amónio. O amoníaco libertado ao tornar a solução alcalina foi destilado para um volume conhecido de ácido bórico padrão, que é então titulado de novo.

Reagentes

- Indicador misto: Dissolver 0,099 g de verde de bromocresol e 0,065 g de vermelho de metilo em 100 ml de etanol (álcool rectificado).
- Solução indicadora de ácido bórico (H_3BO_3): dissolver 20 g de ácido bórico até perfazer o volume de 1 L com água destilada
- Solução de hidróxido de sódio (NaOH) 1N a quarenta por cento: Dissolvem-se 40 g de NaOH em água destilada até perfazer o volume de 1 L.
- Ácido sulfúrico concentrado 0,1N (H_2SO_4)
- Mistura de catalisadores: $CuSO_4.5HiO$: K2SO4 : Se = 1: 5: 0.05

Procedimentos

O método consiste nas seguintes etapas :

- Digestão da amostra
- Destilação e
- Titulação

Uma porção de 0,5 g de amostra triturada seca em estufa foi envolvida num pedaço de papel de filtro qualitativo e colocada como um pacote num balão de kjeldahl de 500 mL na presença de 5 g de sulfato de potássio, 1 g de sulfato de cobre e 15 mL de H2SO4 concentrado e 2 esferas de vidro no tubo de digestão. Após a conclusão da digestão, o balão foi arrefecido à temperatura ambiente e adicionou-se cerca de 25 mL de água destilada. Em seguida, o balão foi agitado para trazer qualquer material insolúvel para a solução e o volume foi aumentado para 100 mL. Para efetuar a destilação, 10 mL da solução digerida foram levados para uma unidade de destilação com 10 mL de NaOH a 40%. O destilado foi recolhido em 25 mL de ácido bórico a 2% contendo indicador misto para ajustar o pH a 5,0 e foi titulado contra ácido sulfúrico 0,1N. Foi utilizado simultaneamente um branco para evitar o N já presente nos produtos químicos ou o azoto atmosférico absorvido durante a digestão. A percentagem foi calculada pela seguinte fórmula com a ajuda do valor da titulação:

% N = (T-B) X 0,014 X 100 /S

Onde,

T = valor da titulação da amostra (ml) do padrão H2SO4

B = Valor da titulação em branco (ml) do H2SO4 padrão

N = Força do H2SO4

S = Peso da amostra (g)

3.11.2 Preparação da amostra de folhas:

Colocou-se exatamente 1 g de folhas finamente moídas num erlenmeyer de 250 ml e adicionaram-se 10 ml de uma mistura de diácidos (HNO3:HCIO4 = 2:1). Em seguida, colocou-se o balão numa placa eléctrica para aquecimento a 180-200^{0}C até as partículas sólidas desaparecerem e saírem fumos brancos do balão. Em seguida, arrefeceu-se à temperatura ambiente, lavou-se com água destilada e filtrou-se para um balão volumétrico de 100 ml através de papel de filtro Whatman n.º 1, completando o volume com água destilada, segundo o método de oxidação por via húmida descrito por Jackson (1973). A solução foi utilizada para a análise de P, K, Ca, Mg, Zn, B, Cu e Na.

3.11.3 Teor de fósforo

O fósforo foi determinado colorimetricamente pelo método do cloreto estanoso. O cloreto estanoso (SnCl2. H2O) foi utilizado como agente redutor para formar um complexo azul molibdofosfórico com o sulfomolibdato. Introduziu-se uma alíquota exacta de 10 ml num balão volumétrico de 50 ml e adicionaram-se 10 ml de ácido sulfomolíbdico e 2 ml de solução de cloreto estanoso. O volume foi completado com água destilada até ao traço de aferição e agitado cuidadosamente. Por fim, a intensidade da cor azul foi medida com a ajuda de um espetrofotómetro (Supertonic® GENESYS ™ 5 336001 CAT) a 660 nm, 15 minutos após a adição do reagente de cloreto estanoso (Jackson, 1973).

3.11.4 Teor de potássio

O teor de potássio da amostra de folhas foi determinado por fotómetro de chama e a intensidade da luz emitida pelo potássio a 768 nm de comprimento de onda foi medida por Jackson (1973).

3.11.5 Teor de enxofre

O teor de enxofre foi determinado turbidimetricamente como BaSO4 a partir da amostra de folhas com a ajuda de um espetrofotómetro (Supertonic® GENESYS ™ 5 336001 CAT). A turvação foi desenvolvida utilizando cloreto de bário (BaCl2. 2H2O) e a solução foi transferida para um tubo de espetrofotómetro. A leitura foi efectuada no espetrofotómetro a 420 nm de luz incidente num período de 2 a 8 minutos, tal como descrito por Black (1965).

3.11.6 Teores de cálcio e magnésio

Com uma pipeta, transferiram-se 5 ml de amostra de folhas para um balão volumétrico de 50 ml e adicionaram-se 5 ml de solução de LaCl3. O volume foi completado com água destilada até à marca e agitou-se bem. Em seguida, os teores de Ca e Mg foram medidos por espetrómetro de absorção atómica (AAS).

3.11.7 Teor de zinco

A partir do extrato de folhas, o teor de Zn foi analisado diretamente por espetrofotómetro de absorção atómica.

3.12 Análises bioquímicas

3.12.1 Estimativa da clorofila total, da clorofila "a" e da clorofila "b

Para a medição da clorofila, foram colhidas aleatoriamente folhas da 3[a] terceira folha do campo com 3 meses de idade, sob cultivo de mangueira e plantas cultivadas em vaso. Foram retiradas amostras de folhas frescas de 1 g de cada amostra e homogeneizadas num almofariz e num pilão com acetona a 80 %. O sobrenadante foi decantado e filtrado através de um funil de Buachner, utilizando papel de filtro Whatman n.º 1. Adicionou-se ao resíduo uma quantidade suficiente de acetona a 80 % e repetiu-se o processo até a acetona se tornar incolor. O volume foi completado para 100 ml com acetona a 80 %. A densidade ótica da amostra foi medida a 645 nm e 663 nm num espetrofotómetro (Modelo-Thermo spectronic uv-1, Inglaterra). As quantidades de clorofila a, clorofila b e clorofila total foram calculadas com base no peso fresco, utilizando as seguintes fórmulas (Mahadevan e Sridhar, 1982):

Clorofila total (mg g^{-1}) $= \frac{20.2A645 + 8.02A663}{a \times 1000 \times w} \times v$

Clorofila a (mg g^{-1}) $= \frac{12.7A663 - 2.69A645}{a \times 1000 \times w} \times v$

Clorofila b [mg g^{-1}] $= \frac{22.9A645 - 4.68A663}{a \times 1000 \times w} \times v$

Onde, A = densidade ótica em cada amostra, a = comprimento do percurso da luz na célula (geralmente 1 cm), v = volume do extrato em ml e w = peso fresco da amostra em "g".

3.12.2 Teor de proteínas

O teor de proteínas foi determinado pelo método de Kjeldahl. A percentagem de proteínas foi calculada multiplicando a percentagem de N da amostra por um fator de 5,85 (Jackson, 1973).

3.13 Análise estatística

A análise de variância foi efectuada de acordo com o modelo Completely Randomized Design (CRD) com a ajuda do programa informático M-STAT desenvolvido por Russell (1986). As diferenças médias dos tratamentos foram ajustadas pelo teste de diferença mínima significativa (LSD).

CAPÍTULO IV

RESULTADOS E DISCUSSÃO

Este capítulo apresenta os resultados da avaliação do impacto de diversos métodos de cultivo na qualidade da Stevia. A avaliação inclui o cultivo no campo, o cultivo debaixo de mangueiras e o cultivo em vaso, com os resultados organizados em títulos e subtítulos específicos.

4.1 Efeitos de diferentes métodos de cultivo na altura da planta (cm) de estévia de diferentes dias após o transplante (DAT)

4.1.1 Altura da planta aos 21 DAT

Os dados apresentados no Quadro 4.1 mostram que a altura da planta aos 21 DAT variou entre 33,13 cm e 35,57 cm nos diferentes métodos de cultivo. A maior altura foi registada no tratamento T2 (cultivo sob mangueira) e a menor no tratamento T1 (cultivo no campo). Não houve variação significativa entre os diferentes tratamentos em relação à altura das plantas aos 21 DAT (Apêndice I). Isto foi provavelmente devido ao atraso no estabelecimento das mudas no campo.

4.1.2 Altura da planta aos 42 DAT

Os efeitos dos diferentes métodos de cultivo na altura das plantas aos 42 DAT foram considerados significativos ao nível de 1% de probabilidade (Quadro 4.1 e Apêndice I). Os resultados sobre a altura da planta aos 42 DAT foram mostrados na Tabela 4.1, Apêndice I, Placa 5, Placa 7 e Placa 9. É visto na Tabela 4. 1 que a maior altura de planta foi obtida no tratamento T2 (cultivo sob mangueira) (52,13 cm) e a menor no tratamento T3 (cultivo em vaso) (41,32 cm) e no tratamento T1 (cultivo no campo) (44,42 cm).

4.1.3 Altura da planta aos 63 DAT

A altura da planta aos 63 DAT da estévia foi significativamente influenciada pelos diferentes métodos de cultivo mostrados na Tabela 4.1 e no Apêndice I. A altura da planta aos 63 DAT foi registada no tratamento T2 (sob cultivo de mangueira) (72,83 cm), seguido pelo tratamento T1 (cultivo no campo) (65,26 cm), enquanto a altura mais baixa da planta foi registada no tratamento T3 (cultivo em vaso) (58,42 cm) (Tabela 4.1). A altura de planta relativamente maior em T2 (sob cultivo de mangueira) do que em T1 e T3 pode ser devido ao sombreamento no estágio de crescimento vegetativo da estévia.

4.1.4 Altura da planta aos 84 DAT

No presente estudo, foram obtidas diferenças significativas na altura das plantas aos 84 DAT nos diferentes tratamentos e os resultados foram apresentados na Tabela 4.1 e no Apêndice I. A altura da planta foi significativamente maior no tratamento T2 (cultivo sob mangueira) (81,51 cm), seguido pelo tratamento T1 (cultivo no campo) (77,34 cm), enquanto a menor altura foi obtida no tratamento

T3 (cultivo em vaso) (74,63 cm).

4.1.5 Altura da planta aos 105 DAT

A altura da planta aos 105 DAT da estévia foi significativamente influenciada pelos diferentes métodos de cultivo mostrados na Tabela 4.1 e no Apêndice I. Também foi visto na Tabela 4.1 que a maior altura de planta aos 105 DAT foi obtida em T2 (sob

Fote 5. Cultivo no campo aos 42 dias após o transplante (DAT)

Foto 6. Cultivo no campo aos 147 dias após o transplante (DAT)

Foto 7. Sob cultivo de mangueira aos 42 dias após o transplante (DAT)

Foto 8. Sob cultivo de mangueira aos 147 dias após o transplante (DAT)

Foto 9. Cultivo em vaso aos 42 dias após o transplante (DAT)

Foto 10. Cultivo em vaso aos 147 dias após o transplante (DAT)

cultivo de mangueira) (92,35 cm), seguido de T1 (cultivo no campo) (87,52 cm) e a menor altura de planta foi obtida em T3 (cultivo em vaso) (80,02 cm).

4.1.6 Altura da planta aos 126 DAT

Os resultados revelaram que diferentes métodos de cultivo influenciaram significativamente a altura da planta aos 126 DAT na planta de estévia (Tabela 4.1 e Apêndice I). A Tabela 4.1 mostra que a maior altura de planta aos 126 DAT foi encontrada no tratamento T2 (cultivo sob mangueira) (110,02 cm) seguido pelo tratamento T1 (cultivo em campo) (103,82 cm), enquanto a menor altura foi encontrada no tratamento T3 (cultivo em vaso) (96,37 cm).

4.1.7 Altura da planta aos 147 DAT

Os diferentes métodos de cultivo mostraram uma variação significativa na altura da planta aos 147 DAT da estévia (Tabela 4.1, Apêndice I, Placa 6, Placa 8 e Placa 10). Entre os tratamentos, o T2 (cultivo sob mangueira) produziu a altura de planta aos 147 DAT em 127,93 cm. As menores alturas de plantas foram obtidas em T1 (cultivo em campo) 112,31 cm e T3 (cultivo em vaso) 105,54 cm (Tabela 4.1). Os resultados estão de acordo com as descobertas de Hawke (2003) que relatou que a altura da planta madura de estévia 65cm-180 cm quando cultivada em condições de campo. http//website[4], 2010 relatou que a altura da planta de estévia varia de 40 a 80 cm.

Tabela 4 .1 Efeitos de diferentes métodos de cultivo na altura da planta (cm) de Stevia em diferentes dias após o transplante (DAT)

Tratamentos	21 DAT	42 DAT	63 DAT	84 DAT	105 DAT	126 DAT	147 DAT
T1: Cultivo no campo	33.13	44.42 b	65,26 ab	77,34 ab	87,52 ab	103,82 ab	112.31 b
T2: Em cultura de mangueiras	35.57	52.13 a	72.83 a	81.51 a	92.35 a	110.02 a	127.93 a
T3: Cultivo em vaso	33.18	41.32 b	58.42 b	74.63 b	80.02 b	96.37 b	105.54 b
Nível de significativo	NS	**	**	*	*	**	**
CV (%)	5.90	5.54	7.78	4.64	7.93	6.07	5.82
LSD (5%)	-	3.455	6.883	4.496	9.323	8.511	9.106

Os valores médios numa coluna com a mesma letra (s) não diferem significativamente, enquanto os valores médios com letras (s) diferentes diferem significativamente de acordo com o DMRT.

NS = Não significativo

** indica um nível de significância de 1 %.

* indica um nível de significância de 5 %.

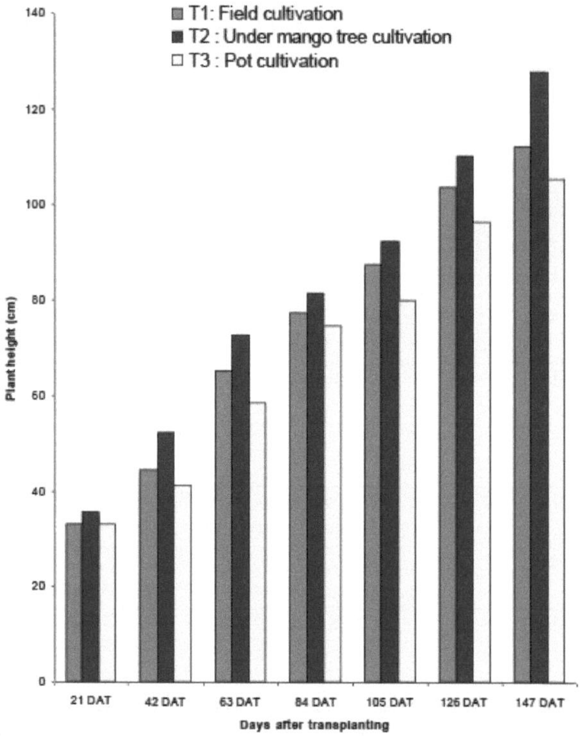

Figura 4.1 Efeitos de diferentes métodos de cultivo na altura da planta (cm) de Stevia em diferentes dias após o transplante (DAT

4.2 Efeitos de diferentes métodos de cultivo no número de ramos primários de estévia em diferentes dias após o transplante (DAT)

4.2.1 Planta de ramos primários^{-1} aos 21 DAT

Os efeitos dos diferentes métodos de cultivo mostraram uma variação não significativa nos ramos primários aos 21 DAT da estévia (Tabela 4.2 e Apêndice II). O maior número de ramos primários aos 21 DAT foi registado no tratamento T1 (cultivo no campo) (4,99), seguido do tratamento T2 (cultivo debaixo da mangueira) (4,77), enquanto o menor número de ramos primários foi registado no tratamento T3 (cultivo em vaso) (4,60) (Tabela 4.2).

4.2.2 Planta de ramos primários^{-1} aos 42 DAT

Os ramos primários aos 42 DAT da estévia foram significativamente influenciados pelos diferentes métodos de cultivo mostrados na Tabela 4.2 e no Apêndice II. Os ramos primários mais altos aos 42 DAT foram registados no tratamento T1 (cultivo no campo) (6.21), seguido pelo tratamento T2 (cultivo debaixo da mangueira) (5.93), enquanto os ramos primários mais baixos no tratamento T3 (cultivo em vaso) (5.47) (Tabela 4.2).

4.2.3 Planta de ramos primários^{-1} aos 63 DAT

Os efeitos dos diferentes métodos de cultivo mostraram uma variação significativa em ramos primários aos 63 DAT da estévia (Tabela 4.2 e Apêndice II). O maior número de ramos primários aos 63 DAT foi obtido no tratamento T1 (cultivo no campo) (7,41). Os ramos primários mais baixos aos 63 DAT foram registados no tratamento T3 (cultivo em vaso) (6,37).

4.2.4 Planta de ramos primários^{-1} aos 84 DAT

Os efeitos dos diferentes métodos de cultivo mostraram uma variação não significativa nos ramos primários aos 84 DAT da estévia (Tabela 4.2 e Apêndice II). O maior número de ramos primários aos 84 DAT foi registado no tratamento T1 (cultivo no campo) (8,71), seguido do tratamento T2 (cultivo debaixo da mangueira) (8,42), enquanto o menor número de ramos primários foi registado no tratamento T3 (cultivo em vaso) (8,08) (Tabela 4.2).

4.2.5 Planta de ramos primários^{-1} aos 105 DAT

Os ramos primários aos 105 DAT da estévia foram significativamente influenciados pelos diferentes métodos de cultivo mostrados na Tabela 4.2 e no Apêndice II. Os ramos primários mais altos aos 105 DAT foram registados no tratamento T1 (cultivo no campo) (9.98), seguido pelo tratamento T2 (cultivo debaixo da mangueira) (9.61), enquanto os ramos primários mais baixos no tratamento T3 (cultivo em vaso) (8.87) (Tabela 4.2).

4.2.6 Planta de ramos primários^{-1} aos 126 DAT

Os tratamentos tiveram um efeito significativo aos 126 DAT (Anexo II). Os ramos primários mais altos aos 126 DAT foram obtidos no tratamento T1 (cultivo no campo) (11,63) e no tratamento T2 (cultivo sob mangueira) (11,26). Os ramos primários mais baixos aos 126 DAT foram registados no tratamento T3 (cultivo em vaso) (9,13) (Tabela 4.2).

4.2.7 Planta de ramos primários^{-1} aos 147 DAT

Os ramos primários aos 147 DAT da estévia foram significativamente influenciados pelos diferentes métodos de cultivo mostrados na Tabela 4.2 e no Apêndice II. Também foi visto na Tabela 4.2 que os ramos primários mais altos aos 147 DAT foram registados no tratamento T1 (cultivo no campo) (12,72) e T2 (cultivo sob a mangueira) (12,25), enquanto os ramos primários mais baixos no tratamento T3 (cultivo em vaso) (10,21).

Tabela 4 .2 Efeitos de diferentes métodos de cultivo no número de ramos primários de Stevia em diferentes dias após o transplante (DAT)

Tratamentos	21 DAT	42 DAT	63 DAT	84 DAT	105 DAT	126 DAT	147 DAT
Ti: Cultivo no campo	4.99 a	6.21 a	7.41 a	8.71 a	9.98 a	11.63 a	12.72 a
T2: Em	4.77 b	5,93 ab	7.24 a	8,42 ab	9,61 ab	11.26 a	12.25 a

cultura de mangueiras							
T3: Cultivo em vaso	4.60 c	5.47 b	6.37 b	8.08 b	8.87 b	9.13 b	10.21 b
Nível de significativo	NS	*	*	NS	*	**	**
CV (%)	5.24	5.70	8.66	4.94	5.83	4.69	4.94
LSD (5%)	-	0.4519	0.8206	-	0.7504	0.6796	0.7875

Os valores médios numa coluna com a mesma letra (s) não diferem significativamente, enquanto os valores médios com letras (s) diferentes diferem significativamente de acordo com o DMRT.

NS = Não significativo

** indica um nível de significância de 1 %.

* indica um nível de significância de 5 %.

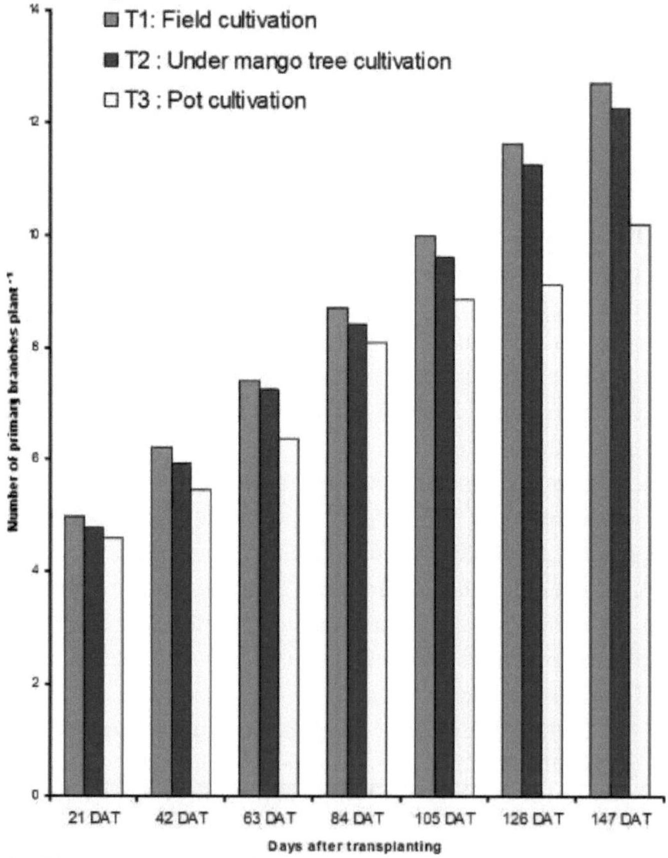

Figura 4.2 Efeitos de diferentes métodos de cultivo no número de ramos primários da planta $^{-1}$ de estévia em diferentes dias após o transplante (DAT)

4.3 Efeitos de diferentes métodos de cultivo no número de ramos secundários da estévia em diferentes dias após o transplante (DAT)

4.3.1 Planta de ramos secundários^{-1} aos 21 DAT

Os efeitos dos diferentes métodos de cultivo mostraram uma variação não significativa nos ramos secundários aos 21 DAT da estévia (Tabela 4.3 e Apêndice III). O maior número de ramos secundários aos 21 DAT foi registado no tratamento T1 (cultivo no campo) (10,42), seguido do tratamento T2 (cultivo debaixo da mangueira) (9,31), enquanto o menor número de ramos secundários foi registado no tratamento T3 (cultivo em vaso) (8,12) (Tabela 4.3).

4.3.2 Planta de ramos secundários^{-1} aos 42 DAT

Os ramos secundários aos 42 DAT da estévia foram significativamente influenciados pelos diferentes métodos de cultivo mostrados na Tabela 4.3 e no Apêndice III. Os ramos secundários mais altos aos 42 DAT foram registados no tratamento T1 (cultivo no campo) (12,92), seguido pelo tratamento T2 (cultivo debaixo da mangueira) (11,08), enquanto os ramos secundários mais baixos no tratamento T3 (cultivo em vaso) (9,04) (Tabela 4.3).

4.3.3 Planta de ramos secundários^{-1} aos 63 DAT

Os efeitos dos diferentes métodos de cultivo mostraram uma variação significativa nos ramos secundários aos 63 DAT da estévia (Tabela 4.3 e Apêndice III). O maior número de ramos secundários aos 63 DAT foi obtido no tratamento T1 (cultivo no campo) (13,45). Os ramos secundários mais baixos aos 63 DAT foram registados no tratamento T3 (cultivo em vaso) (10,84).

4.3.4 Planta de ramos secundários^{-1} aos 84 DAT

Os efeitos dos diferentes métodos de cultivo mostraram uma variação significativa nos ramos secundários aos 84 DAT da estévia (Tabela 4.3 e Apêndice III). Os ramos secundários mais altos aos 84 DAT foram registados no tratamento T1 (cultivo no campo) (24,28), seguido do tratamento T2 (cultivo debaixo da mangueira) (19,65), enquanto os ramos secundários mais baixos no tratamento T3 (cultivo em vaso) (12,08) (Tabela 4.3).

4.3.5. Planta de ramos secundários^{-1} aos 105 DAT

Os ramos secundários aos 105 DAT da estévia foram significativamente influenciados pelos diferentes métodos de cultivo mostrados na Tabela 4.3 e no Apêndice III. Os ramos secundários mais altos aos 105 DAT foram registados no tratamento T1 (cultivo no campo) (26.91), seguido pelo tratamento T2 (cultivo debaixo da mangueira) (23.43), enquanto os ramos secundários mais baixos no tratamento T3 (cultivo em vaso) (19.57) (Tabela 4.3).

4.3.6 Planta de ramos secundários^{-1} aos 126 DAT

Os tratamentos tiveram um efeito significativo aos 126 DAT (Anexo III). O maior número de ramos secundários aos 126 DAT foi obtido no tratamento T1 (cultivo no campo) (28,46) e o menor número de ramos secundários aos 126 DAT foi registado no tratamento T3 (cultivo em vaso) (22,03) (Tabela 4.3).

4.3.7 Ramos secundários planta^{-1} aos 147 DAT

Os ramos secundários aos 147 DAT da estévia foram significativamente influenciados por diferentes métodos de cultivo mostrados na Tabela 4.3 e no Apêndice III. Foi

Quadro 4 .3 Efeitos de diferentes métodos de cultivo no número de ramos secundários de Stevia em diferentes dias após o transplante (DAT)

Tratamentos	21 DAT	42 DAT	63 DAT	84 DAT	105 DAT	126 DAT	147 DAT
T1: Campo cultivo	10.42	12.92 a	13.45 a	24.28 a	26.91 a	28.46 a	31.83 a
T2 : Em cultura de mangueiras	9.31	11.08 b	11.84 b	19.65 b	23.43 b	24.12 b	25.06 b
T3 : Pote cultivo	8.12	9.04 c	10.84 b	12.08 c	19.57 c	22.03 b	22.32 b
Nível de significância	NS	**	**	**	**	**	**
CV (%)	8.42	8.23	7.85	6.93	7.48	9.40	7.86
LSD (5%)	-	1.230	1.282	1.754	2.365	3.172	2.816

Os valores médios numa coluna com a mesma letra (s) não diferem significativamente, enquanto os valores médios com letras (s) diferentes diferem significativamente de acordo com o DMRT.

NS = Não significativo

** indica um nível de significância de 1 %.

* indica um nível de significância de 5 %.

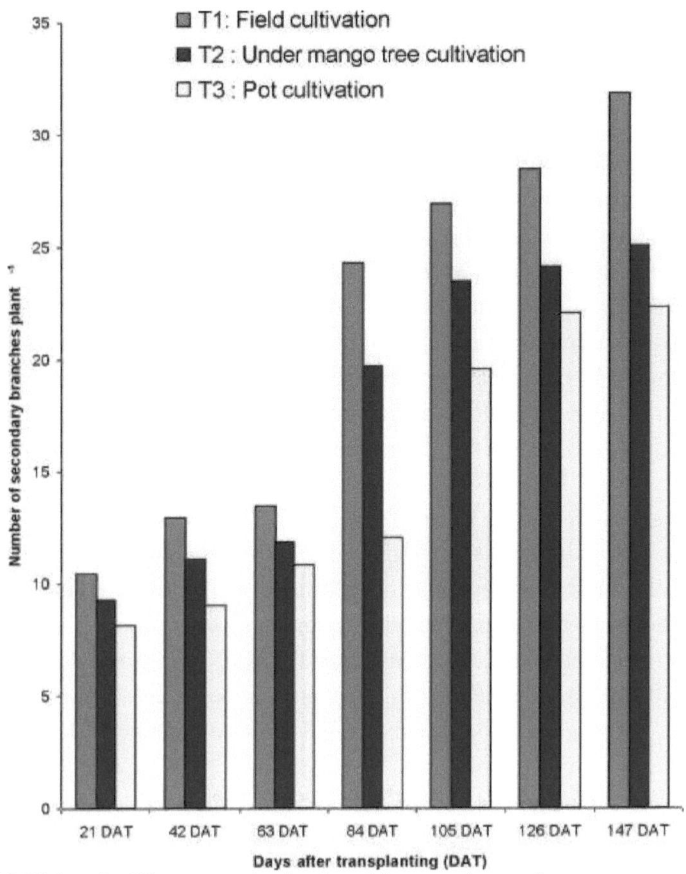

Figura 4.3 Efeitos de diferentes métodos de cultivo no número de ramos secundários da planta $^{-1}$ de Stevia em diferentes dias após o transplante (DAT)

Também se pode ver no Quadro 4.2 que o maior número de ramos secundários aos 147 DAT foi registado no tratamento T1 (cultivo no campo) (31,83) e o menor número de ramos secundários no tratamento T3 (cultivo em vaso) (22,32).

4.4 Efeitos de diferentes métodos de cultivo no número de plantas com folhas $^{-1}$ de estévia em diferentes dias após o transplante (DAT)

4.4.1 Número de folhas da planta^{-1} aos 21 DAT

O número de plantas com folhas $^{-1}$ aos 21 DAT da estévia não foi significativamente influenciado pelos diferentes métodos de cultivo mostrados na Tabela 4.4 e no Apêndice IV. Também foi visto na Tabela 4.4 que o maior número de plantas com folhas^{-1} aos 21 DAT foi registado no tratamento T1 (cultivo no campo) (26.34), e o menor no tratamento T3 (cultivo em vaso) (25.92) (Tabela 4.4).

4.4.2 Número de folhas da planta^{-1} aos 42 DAT

O número de plantas com folhas $^{-1}$ aos 42 DAT de estévia foi significativamente influenciado por diferentes métodos de cultivo mostrados na Tabela 4.4 e no Apêndice IV. O maior número de plantas com folhas^{-1} aos 42 DAT foi registado no tratamento T1 (cultivo no campo) (129.52), seguido pelo tratamento T2 (cultivo debaixo da mangueira) (112.31), enquanto o menor número de plantas com folhas^{-1} foi registado no tratamento T3 (cultivo em vaso) (103.54) (Tabela 4.4).

4.4.3 Número de plantas com folhas^{-1} aos 63 DAT

Os efeitos dos diferentes métodos de cultivo mostraram uma variação significativa no número de plantas com folhas $^{-1}$ aos 63 DAT da estévia (Tabela 4.4 e Apêndice IV). O maior número de plantas com folhas $^{-1}$ aos 63 DAT foi obtido no tratamento T1 (cultivo no campo) (472,64). O menor número de plantas com folhas^{-1} aos 63 DAT foi registado no tratamento T3 (cultivo em vaso) (285,42).

4.4.4 Número de folhas da planta^{-1} aos 84 DAT

Os efeitos dos diferentes métodos de cultivo mostraram uma variação significativa no número de plantas com folhas $^{-1}$ aos 84 DAT da estévia (Tabela 4.4 e Apêndice IV). O maior número de plantas com folhas^{-1} aos 84 DAT foi registado no tratamento T1 (cultivo no campo) (845.32), seguido do tratamento T2 (cultivo debaixo da mangueira) (467.92), enquanto o menor número de plantas com folhas^{-1} foi registado no tratamento T3 (cultivo em vaso) (368.21) (Tabela 4.4).

4.4.5 Número de folhas da planta^{-1} aos 105 DAT

O número de plantas com folhas $^{-1}$ aos 105 DAT da estévia foi significativamente influenciado pelos diferentes métodos de cultivo mostrados na Tabela 4.4 e no Apêndice IV. O número mais alto de plantas com folhas^{-1} aos 105 DAT foi registado no tratamento T1 (cultivo no campo) (1012.81), seguido pelo tratamento T2 (cultivo debaixo da mangueira) (620.39), enquanto que os ramos primários mais baixos no tratamento T3 (cultivo em vaso) (491.72) (Tabela 4.4).

4.4.6 Número de folhas da planta^{-1} aos 126 DAT

Os tratamentos tiveram efeito significativo aos 126 DAT (Apêndice IV). O maior número de plantas com folhas^{-1} aos 126 DAT foi obtido no tratamento T1 (cultivo em campo) (1197,53) e no tratamento T2 (cultivo sob mangueira) (785,67). O menor número de plantas com folhas^{-1} aos 126 DAT foi registado no tratamento T3 (cultivo em vaso) (602,32) (Tabela 4.4).

4.4.7 Número de folhas da planta^{-1} aos 147 DAT

O número de folhas aos 147 DAT da estévia foi significativamente influenciado pelos diferentes métodos de cultivo mostrados na Tabela 4.4 e no Apêndice IV.

Também foi visto na Tabela 4.4 que o maior número de folhas aos 147 DAT foi registado no tratamento T1 (cultivo no campo) (1215.32) e o menor número de folhas no tratamento T3 (cultivo em vaso) (659.73).

4.5 Efeitos de diferentes métodos de cultivo na área foliar da planta $^{-1}$ de estévia em diferentes dias após o transplante (DAT)

4.5.1 Área foliar da planta^{-1} aos 21 DAT

Os dados apresentados no quadro 4.5 e no apêndice V indicam que a área foliar aos 21 DAT variava entre 48,22 cm^2 e 52,15 cm^2 em diferentes condições de cultivo. A maior área foliar no tratamento T1 (cultivo em campo) e a menor no tratamento T3 (cultivo em vaso). Não houve variação significativa entre os diferentes grupos de tratamento em relação às áreas foliares aos 21 DAT.

4.5.2 Área foliar da planta^{-1} aos 42 DAT

Diferentes métodos de cultivo tiveram efeitos significativos na área foliar da planta $^{-1}$ de estévia (Tabela 4.5 e Apêndice V). A maior área foliar da planta $^{-1}$ (703,31 cm^2) foi obtida no tratamento T1 (cultivo no campo). A menor área foliar da planta^{-1} (230,96 cm^2) foi registada no tratamento T3 (cultivo em vaso).

4.5.3 Área foliar da planta^{-1} aos 63 DAT

A área foliar da planta $^{-1}$ aos 63 DAT da estévia foi significativamente influenciada pelos diferentes métodos de cultivo mostrados na Tabela 4.5 e no Apêndice V. A maior área foliar da planta $^{-1}$ aos 63 DAT foi registada no tratamento T1 (cultivo no campo) (1058,78 cm^2), seguido pelo tratamento T2 (cultivo sob a mangueira) (703,31 cm^2), enquanto a menor área foliar da planta $^{(-1)}$ foi registada no tratamento T3 (cultivo em vaso) (683,59 cm^2) (Tabela 4.5).

4.5.4 Área foliar da planta^{-1} aos 84 DAT

Os resultados sobre a área foliar da planta^{-1} aos 84 DAT foram mostrados na Tabela 4.5 e no Apêndice V. Foi visto que a maior área foliar da planta^{-1} foi obtida no tratamento T1 (cultivo em campo) (2155,57 cm^2).A menor produção de folhas secas foi observada no tratamento T3 (cultivo em vaso) (924,21 cm^2).

4.5.5 Área foliar da planta^{-1} aos 105 DAT

A área foliar da planta $^{-1}$ aos 105 DAT mostrou uma variação significativa para os diferentes métodos de cultivo (Tabela 4.5 e Apêndice V). A maior área foliar da planta $^{-1}$ (2633,32 cm^2) foi obtida no tratamento T1 (cultivo no campo). A menor área foliar da planta $^{-1}$ (1180,35 cm^2) foi registada no tratamento T3 (cultivo em vaso).

4.5.6 Área foliar da planta^{-1} aos 126 DAT

A área foliar da planta $^{-1}$ aos 126 DAT foi significativamente influenciada pelos diferentes métodos de cultivo (Apêndice IV). A maior área foliar da planta $^{-1}$ aos 126 DAT foi obtida no tratamento T1 (cultivo no campo) em (3353,18 cm^2), seguido pelo tratamento T2 (cultivo sob mangueira) em (2121,34 cm^2). A menor área foliar da planta^{-1} (1578,17 cm^2) foi obtida no tratamento T3 (sob cultivo de mangueira) (Tabela 4.5).

4.5.7 Área foliar da planta^{-1} aos 147 DAT

A área foliar da planta^{-1} aos 147 DAT da estévia foi significativamente influenciada pelos diferentes métodos de cultivo (Apêndice V). Os resultados da área foliar da planta $^{-1}$ aos 147 DAT foram mostrados na Tabela 4.5. Foi visto que a maior área foliar da planta $^{(-1)}$) foi obtida no tratamento T1 (cultivo em campo) (3621,32 cm^2). A menor área foliar da planta $^{-1\ 1}$ foi observada no tratamento T3 (cultivo em vaso) (1834,04 cm^2).

4.6 Efeitos de diferentes métodos de cultivo no comprimento médio da folha, na largura média da folha, no perímetro, na relação entre o comprimento e a largura da folha, no fator de forma e na área de acumulação da folha de estévia

4.6.1 Comprimento médio das folhas (cm)

Os efeitos dos diferentes métodos de cultivo não foram significativos no comprimento médio das folhas de estévia (Quadro 4.6 e Apêndice VI). O comprimento médio das folhas de estévia variou de 3,01 cm a 3,29 cm. O maior comprimento médio da folha de estévia (3,29 cm) foi obtido em T1 (cultivo no campo) e o menor comprimento médio da folha de estévia (3,01 cm) foi obtido em T3 (cultivo em vaso).

Quadro 4 .4 Efeitos de diferentes métodos de cultivo no número de folhas planta^{-1} de Stevia em diferentes dias após o transplante (DAT)

Tratamentos	21 DAT	42 DAT	63 DAT	84 DAT	105 DAT	126 DAT	147 DAT
T1: Campo cultivo	26.34	129.52 a	472.64 a	845.32 a	1012.81 a	1197.53 a	1215.32 a
T2 : Em cultura de mangueiras	26.21	112.31 b	291.83 b	467.92 b	620.39 b	785.67 b	841.58 b
T3 : Pote cultivo	25.92	103.54 c	285.42 c	368.21 c	491.72 c	602.32 c	657.68 c
Nível de significância	NS	**	**	**	**	**	**
CV (%)	9.91	13.02	13.70	12.22	11.37	11.49	7.26
LSD (5%)	-	20.330	64.78	92.88	109.2	134.30	89.23

Os valores médios numa coluna com a mesma letra (s) não diferem significativamente, enquanto os valores médios com letras (s) diferentes diferem significativamente de acordo com o DMRT.

NS = Não significativo

** indica um nível de significância de 1 %.

* indica um nível de significância de 5 %.

cultivo) (Tabela 4.6). Os presentes resultados estão de acordo com http//website [4] (2010) que também obteve folhas de estévia com cerca de 5 cm de comprimento.

4.6.2 Largura média das folhas (cm)

A largura média da folha de estévia não foi influenciada de forma significativa pelos diferentes métodos de cultivo (Apêndice VI). A Tabela 4.6 mostra que a largura média das folhas de estévia variou de 1,32 cm a 1,48 cm. A maior largura média das folhas de estévia (1,48 cm) foi obtida no tratamento T1 (cultivo no campo) e a menor largura média das folhas de estévia (1,32 cm) foi obtida no tratamento T3 (cultivo em vaso). Os resultados da presente experiência estão de acordo com http//website [4] (2010), que referiu que as suas folhas têm cerca de 2 cm de largura.

4.6.3 Perímetro (cm)

Os diferentes métodos de cultivo não tiveram efeitos significativos no perímetro da folha de estévia (Tabela 4.6 e Apêndice VI). O maior perímetro da folha de estévia (7,46) foi obtido no tratamento T1 (cultivo no campo). O perímetro mais baixo da folha de estévia (7,36) foi registado no tratamento T3 (cultivo em vaso).

4.6.4 Relação entre o comprimento e a largura da folha

Os resultados sobre o comprimento da folha e a razão de largura da folha de estévia foram mostrados na Tabela 4.6 e no Apêndice VI. Verificou-se que o maior comprimento e razão de largura foi obtido no tratamento T1 (cultivo no campo) (2,24) e o menor comprimento e razão de largura da folha de estévia (2,18) foi registado no tratamento T3 (cultivo em vaso).

4.6.5 Fator de forma

O fator de forma da folha de estévia não foi influenciado de forma significativa pelos diferentes métodos de cultivo (Apêndice VI). A Tabela 4.6 mostra que o fator de forma da folha de estévia variou de 0,62 a 0,64. O maior fator de forma da folha de estévia (0,64) foi obtido no tratamento T1 (cultivo no campo) e o menor fator de forma da folha de estévia (0,62) foi obtido no tratamento T3 (cultivo em vaso).

4.6.6 Área de acumulação (cm)

A área de acumulação da folha de estévia não foi influenciada de forma significativa pelos diferentes métodos de cultivo (Anexo VI). A Tabela 4.6 mostra que a área de acumulação da folha de estévia variou de 2,75 cm a 2,96 cm. A maior área de acumulação na folha de estévia (2,96 cm) foi obtida no tratamento T1 (cultivo no campo) e a menor área de acumulação na folha de estévia (2,75 cm) foi obtida no tratamento T3 (cultivo em vaso).

4.7.Efeitos de diferentes métodos de cultivo na produção de biomassa fresca

e seca de estévia

4.7.1 Peso fresco da planta^{-1} (g)

Diferentes métodos de cultivo tiveram efeitos significativos no peso fresco da planta $^{-1}$ de estévia (Tabela 4.7 e Apêndice VII). O maior peso fresco da planta $^{-1}$ (165,92 g) foi obtido no tratamento T_1 (cultivo no campo). O menor peso fresco da planta $^{-1}$ (104,63 g) foi registado no cultivo em vaso.

Tabela 4 .5 Efeitos de diferentes métodos de cultivo na área foliar da planta $^{-1}$ de Stevia em diferentes dias após o transplante (DAT)

Tratamentos	21 DAT	42 DAT	63 DAT	84 DAT	105 DAT	126 DAT	147 DAT
T_1: Campo cultivo	52.15	703.31 a	1058.78 a	2155.57 a	2633.32 a	3353.18 a	3621.32 a
T_2 : Em cultura de mangueiras	48.47	251.57 b	703.31 b	1179.16 b	1550.98 b	2121.34 b	2465.33 b
T_3 : Pote cultivo	48.22	230.96 b	683.59 b	924.21 c	1180.35 c	1578.17 c	1834.04 c
Nível de significativo	NS	**	**	**	**	**	**
CV (%)	8.19	11.69	9.38	10.90	13.04	12.66	12.34
LSD (5%)	-	62.70	103.40	209.80	316.30	403.60	441.90

Os valores médios numa coluna com a mesma letra (s) não diferem significativamente, enquanto os valores médios com letras (s) diferentes diferem significativamente de acordo com o DMRT.

NS = Não significativo

** indica um nível de significância de 1 %.

* indica um nível de significância de 5 %.

4.7.2 Peso fresco ha^{-1} (kg)

O efeito dos diferentes métodos de cultivo no peso fresco ha^{-1} (kg) foi considerado significativo ao nível de 5% de probabilidade (Quadro 4.7 e Apêndice VII). Os resultados sobre o peso fresco ha^{-1} (kg) foram mostrados na Tabela 4.7. É visto na Tabela 4.7 que o maior peso fresco ha^{-1} foi obtido em T_1 (8193.62 kg) e o menor em T3 (3807.48 kg).

4.7.3 Peso seco da planta^{-1} (g)

Os dados apresentados no Quadro 4.7 e no Apêndice VII indicam que o peso seco da planta $^{-1}$ variou entre 25,13 g e 44,15 g nos diferentes métodos de cultivo. O maior em T_1 44,15 g (cultivo no campo) e o menor em T3 25,13 g (cultivo em vaso). Houve uma variação significativa entre os métodos de cultivo no que diz respeito ao peso seco da planta^{-1}. http//website [4] relatou que o peso seco da planta^{-1} de 70 g em média.

4.7.4 Peso seco ha^{-1} (kg)

Diferentes métodos de cultivo têm efeito significativo no peso seco ha^{-1} (kg) ao nível de 1% de probabilidade (Apêndice VII). A Tabela 4.7 mostra que o maior peso seco foi encontrado em T1 (2180,25 kg) seguido por T2 (1269,63 kg), enquanto o menor em T3 (914,48 kg).

4.8. Efeitos de diferentes métodos de cultivo na produção de folhas frescas e secas de estévia

4.8.1 Produção de folhas frescas por planta^{-1}(g)

A produção de folhas frescas por planta $^{-1}$ foi significativamente influenciada pelos diferentes métodos de cultivo (Tabela 4.8 e Apêndice VIII). A maior produção de folhas frescas foi produzida no tratamento T1 (cultivo no campo) (91,37 g planta^{1}). A menor produção de folhas frescas foi registada no tratamento T3 (cultivo em vaso) (47,74 g planta^{1}) (Quadro 4.8).

4.8.2 Rendimento de folhas frescas ha^{-1}(kg)

Diferentes métodos de cultivo mostraram uma variação significativa na produção de folhas frescas ha^{-1} (Tabela 4.8 e Apêndice VIII). A maior produção de folhas frescas ha^{-1} (4512,12 kg ha^{-1}) foi obtida no tratamento T1 (cultivo no campo). O menor rendimento de folhas frescas foi registado em T3 (cultivo em vaso) (1738,30 kg ha$^{(-1}$)).

4.8.3 Produção de folhas secas por planta^{-1} (g)

No presente estudo, as diferenças significativas na produção de folhas secas planta-1 foram apresentadas no Quadro 4.8 e no Apêndice VIII. O rendimento significativamente mais alto de folhas secas foi registado no tratamento T1 (cultivo no campo) (24,83 g planta^{-1}). A menor produção de folhas secas foi registada no tratamento T3 (cultivo em vaso) (12,86 g planta^{-1}).

4.8.4 Rendimento de folhas secas ha^{-1}(kg)

Os resultados da produção de folhas secas ha^{-1} são apresentados no Quadro 4.8 e no Apêndice VIII. Foi visto que o maior rendimento de folhas secas foi obtido no tratamento T1 (cultivo em campo) (1226,17 kg ha^{-1}). O menor rendimento de folhas secas foi observado no tratamento T3 (cultivo em vaso) (468,06 kg ha^{-1}).

Quadro 4 .6 Efeitos de diferentes métodos de cultivo no comprimento médio da folha (cm), na largura média da folha (cm), no perímetro (cm), na relação entre o comprimento e a largura da folha, no fator de forma e na área de acumulação (cm) da folha de Stevia

Tratamentos	Comprimento médio das folhas (cm)	Largura média das folhas (cm)	Perímetro (cm)	rácio entre o comprimento e a largura da folha	Fator de forma	Área de acumulação (cm)
T1: Campo cultivo	3.29	1.48	7.47	2.24	0.64	2.96

T_2 : Em cultura de mangueiras	3.24	1.37	7.41	2.21	0.63	2.94
T_3 : Pote cultivo	3.01	1.32	7.36	2.18	0.62	2.75
Nível de significância	NS	NS	NS	NS	NS	NS
CV (%)	8.30	11.22	5.70	9.14	9.52	11.65
LSD (5%)	-	-	-	-	-	-

Os valores médios numa coluna com a mesma letra (s) não diferem significativamente, enquanto os valores médios com letras (s) diferentes diferem significativamente de acordo com o DMRT.

NS = Não significativo

** indica um nível de significância de 1 %.

* indica um nível de significância de 5 %.

4.9.Efeitos de diferentes métodos de cultivo nos constituintes bioquímicos da estévia

4.9.1 Teor de clorofila total (mg g^{-1})

O conteúdo total de clorofila mostrou uma variação significativa para diferentes métodos de cultivo (Tabela 4.9 e Apêndice IX). O maior teor de clorofila total (1,98 mg g^{-1}) foi obtido no tratamento T_1 (cultivo no campo). O teor mais baixo de clorofila total (1,43 mg g^{-1}) foi registado no tratamento T_2 (cultivo sob mangueira).

4.9.2 Teor de clorofila "a" (mg g^{-1})

O efeito dos diferentes métodos de cultivo no teor de clorofila 'a' foi considerado significativo ao nível de 5% de probabilidade (Quadro 4.9 e Apêndice IX). Os resultados do teor de clorofila 'a' são apresentados no Quadro 4.9. O quadro 4.9 mostra que o teor mais elevado de clorofila "a" foi obtido no tratamento T_1 (cultivo no campo) (1,42 mg g^{-1}) e o mais baixo no tratamento T_2 (1,29 mg $g^{1)}$ (cultivo em mangueira).

4.9.3 Teor de clorofila "b" (mg g^{-1})

O teor de clorofila 'b' não foi significativamente influenciado pelos diferentes métodos de cultivo (Tabela 4.9 e Apêndice IX). O quadro 4.9 mostra que o teor mais elevado de clorofila "b" foi obtido no tratamento T_1 (cultivo no campo) (0,52 mg g^{-1}) e o mais baixo no tratamento T_2 (0,49 mg g^{-1}) (cultivo em mangueira).

Quadro 4 .7 Efeitos de diferentes métodos de cultivo no peso fresco da planta^{-1}(g), peso fresco ha^{-1} (kg), peso seco da planta^{-1}(g) e peso seco ha^{-1} (kg) de Stevia

Tratamentos	Peso fresco da planta^{-1} (g)	Peso fresco ha^{-1} (kg)	Peso seco da planta^{-1} (g)	Peso seco ha^{-1} (kg)
T1: Campo cultivo	165.92 a	8193.62 a	44.15 a	2180.25 a
T2 : Em cultura de mangueiras	147.62 b	5030.15 b	37.26 a	1269.63 b
T3 : Pote cultivo	104.63 c	3807.48 c	25.13 a	914.48 c
Nível de significativo	**	**	**	**
CV (%)	8.36	8.64	9.94	7.78
LSD (5%)	15.84	665.8	47.79	153.8

Os valores médios numa coluna com a mesma letra (s) não diferem significativamente, enquanto os valores médios com letras (s) diferentes diferem significativamente de acordo com o DMRT.

NS = Não significativo

** indica um nível de significância de 1 %.

* indica um nível de significância de 5 %.

4.9.4 Teor de proteínas (%)

Os resultados indicaram que os diferentes métodos de cultivo não influenciaram significativamente o teor de proteína da estévia (Tabela 4.9 e Apêndice IX). Foi visto na Tabela 4.9 que o maior teor de proteína foi obtido no tratamento T1 (cultivo no campo) (10,00%) e o menor no tratamento T2 (cultivo sob a mangueira) (9,48%).

4.10 Efeitos de diferentes métodos de cultivo no teor de nutrientes da folha de stevia

4.10.1 Teor de azoto (%)

O tratamento teve efeitos não significativos no teor de azoto das folhas de estévia (Tabela 4.10 e Apêndice X). O conteúdo de N na planta de estévia variou de 1,62 a 1,71%. A maior concentração de N na planta de estévia (1,71%) foi obtida no tratamento T1 (cultivo no campo). A segunda maior concentração de N na planta de estévia (1,65%) foi obtida no tratamento T3 (cultivo em vaso). A menor concentração de N na planta de estévia (1,62%) foi obtida no tratamento T2 (cultivo sob mangueira) (Tabela 4.10). Os presentes resultados concordam com Katayama *et al.,* 1976, que também obtiveram plantas de estévia com 1,4% de N.

4.10.2 Teor de fósforo (%)

Os resultados indicaram que diferentes métodos de cultivo influenciaram significativamente o teor de fósforo da estévia (Tabela 4.10 e Apêndice X). É visto na Tabela 4.10 que o maior conteúdo de fósforo foi obtido no tratamento T1 (cultivo no campo) (0,128%) e o menor no tratamento T2 (cultivo sob a mangueira) (0,085%). Katayama *et al.*, 1976 relataram que as plantas de estévia consistem em 0,3% de P.

4.10.3 Teor de potássio (%)

O conteúdo de K não foi significativo com diferentes métodos de cultivo (Tabela 4.10 e Apêndice X). O conteúdo de K na planta de estévia variou de 0,13 a 0,14%. A maior concentração de K na planta de estévia (0,14%) foi obtida nos tratamentos T1 (cultivo no campo) e T3 (cultivo em vaso). A menor concentração de K na planta de estévia (0,13%) foi obtida no tratamento T2 (cultivo sob mangueira) (Tabela 4.10).

4.10.4 Teor de enxofre

O teor de enxofre da estévia foi significativamente influenciado pelos diferentes métodos de cultivo mostrados na Tabela 4.10 e no Apêndice X. O teor de enxofre mais alto foi registado no tratamento T1 (cultivo no campo) (0,25%), seguido pelo tratamento T2 (cultivo em vaso) (0,21%), enquanto o teor de enxofre mais baixo foi registado no tratamento T2 (cultivo debaixo da mangueira) (0,14%) (Tabela 4.10).

4.10.4 Teor de cálcio (%)

Os resultados revelaram que diferentes métodos de cultivo não influenciaram significativamente o conteúdo de Ca na estévia (Tabela 4.10 e Apêndice IX). O conteúdo de Ca na folha de estévia variou de 1,12 a 1,24%. A maior concentração

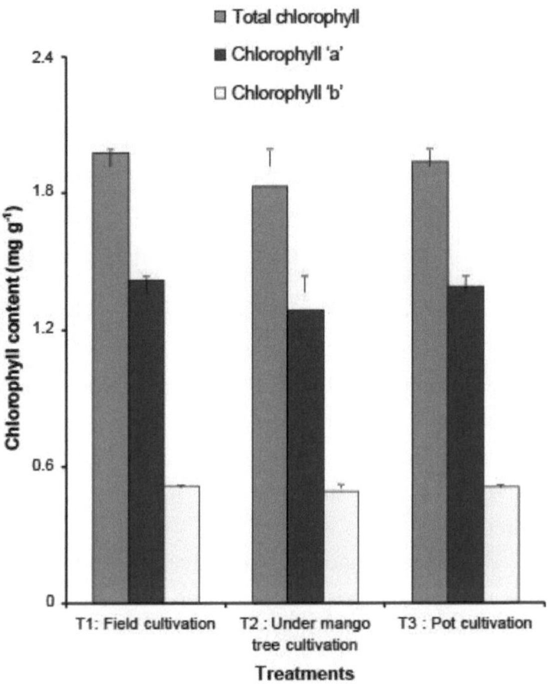

Figura 4.4 Teor de clorofila (mg g^{-1}) em folhas de estévia sob diferentes métodos de cultivo.

Quadro 4 .8 Efeitos de diferentes métodos de cultivo no rendimento de folhas frescas $planta^{-1}$ (g), rendimento de folhas frescas ha^{-1} (kg), rendimento de folhas secas $planta^{-1}$ (g) e rendimento de folhas secas ha^{-1} (kg) de Stevia

Tratamentos	Rendimento fresco de folhas $planta^{-1}$ (g)	Rendimento de folhas frescas ha^{-1} (kg)	Produção de folhas secas por $planta^{-1}$ (g)	Rendimento em folhas secas ha^{-1} (kg)
Ti: Cultivo no campo	91.37 a	4512.12 a	24.83 a	1226.17 a
T2 : Em cultura de mangueiras	68.92 b	2212.14 b	18.56 b	632.43 b
T3 : Cultura em vaso	47.74 c	1738.30 c	12.86 c	468.06 c
Nível de significância	**	**	**	**
CV (%)	7.24	7.05	8.01	7.81
LSD (5%)	6.819	269.8	2.038	82.14

Os valores médios numa coluna com a mesma letra (s) não diferem significativamente, enquanto os valores médios com letras (s) diferentes diferem significativamente de acordo com o DMRT.

NS = Não significativo

** indica um nível de significância de 1 %.

* indica um nível de significância de 5 %.

A maior concentração de Ca na planta de estévia (1,24%) foi obtida no tratamento T1 (cultivo no campo) e a menor concentração de Ca na folha de estévia (1,12%) foi obtida no tratamento T2 (cultivo sob mangueira) (Tabela 4.10).

4.10.5 Teor de magnésio (%)

O tratamento não teve efeito significativo no conteúdo de Mg das folhas de estévia (Apêndice VIII). Também foi visto na Tabela 4.10 que o conteúdo de Mg na folha de estévia variou de 0,102 a 0,104%. A maior concentração de Mg na planta de estévia (0,104%) foi obtida no tratamento T1 (cultivo no campo) e a menor concentração de Mg na folha de estévia (0,102%) foi obtida no tratamento T2 (cultivo sob mangueira).

4.10.6 Teor de zinco (gg g^{-1})

O teor de zinco da estévia não foi significativamente influenciado pelos diferentes métodos de cultivo mostrados na Tabela 4.10 e no Apêndice IX. O teor de Zn na folha de estévia variou de 55,52 a 62,87%. O maior teor de Zn foi registado no tratamento T1 (cultivo no campo) (62,87 gg g^{-1}) e o menor teor de Zn no tratamento T2 (cultivo sob mangueira) (55,52 tig $g^{-1)}$. Os resultados estão de acordo com as descobertas de Nasrin (2008), que relatou que o teor de Zn na folha de estévia (100,46 gg g^{-1}).

Quadro 4 .9 Efeitos de diferentes métodos de cultivo na clorofila total (mg g^{-1}), clorofila "a" (mg g^{-1}), clorofila "b" (mg g^{-1}) e proteína (%) da folha de Stevia

Tratamentos	Clorofila total (mg g-1)	Clorofila "a" (mg $g^{-1)}$	Clorofila "b" (mg $g^{-1)}$	Proteína (%)
Ti: Cultivo no campo	1.98 a	1.42 a	0.52	10.00
T2 : Em cultura de mangueiras	1.83 b	1.29 b	0.49	9.48
T3 : Cultura em vaso	1.94 a	1.39 a	0.51	9.65
Nível de significância	**	**	NS	NS
CV (%)	3.20	3.91	5.46	7.02
LSD (5%)	0.085	0.074	-	-

Os valores médios numa coluna com a mesma letra (s) não diferem significativamente, enquanto os valores médios com letras (s) diferentes diferem significativamente de acordo com o DMRT.

NS = Não significativo

2 * indica um nível de significância de 1%.

3 indica um nível de significância de 5 %.

Quadro 4.10 Efeitos de diferentes métodos de cultivo no N (%), P (%), K (%), S (%), Ca (%), Mg (%) e Zn (gg g-1) da folha de Stevia

Tratamentos	N (%)	P (%)	K (%)	S (%)	Ca (%)	Mg (%)	Zn (gg g-1)
Ti: Cultivo no campo	1.71	0.128a	0.14	0.25a	1.24a	0.104	62.87
T2 : Em cultura de mangueiras	1.62	0.085c	0.13	0.14c	1.12b	0.102	55.52
T3 : Cultura em vaso	1.65	0.107b	0.14	0.21b	1.17ab	0.103	57.84
Nível de significância	NS	**	NS	**	*	NS	NS
CV (%)	7.02	3.85	11.57	10.00	5.41	1.68	9.06
LSD (5%)	-	0.013	-	0.004	0.085	-	-

Os valores médios numa coluna com a mesma letra (s) não diferem significativamente, enquanto os valores médios com letras (s) diferentes diferem significativamente de acordo com o DMRT.

NS = Não significativo

4 * indica um nível de significância de 1%.

5 indica um nível de significância de 5 %.

CAPÍTULO V

RESUMO

A investigação teve lugar na quinta experimental do Bangladesh Sugarcrop Research Institute (BSRI) em Ishwardi, Pabna. O estudo decorreu de março de 2010 a agosto de 2010, com o objetivo de explorar os vários efeitos do cultivo na qualidade da estévia. As plântulas eram saudáveis e de crescimento vigoroso, com 20-22 cm de altura e 60 dias de idade. O presente trabalho de pesquisa foi conduzido com três métodos de cultivo. O experimento foi realizado em um delineamento completamente aleatório (CRD) com cinco (5) repetições. O T2 (sob cultivo de mangueira) produziu a altura de planta aos 147 DAT foi obtida em 127,93 cm. As menores alturas de plantas foram obtidas em T1 (cultivo em campo) 112,31 cm e T3 (cultivo em vaso) 105,54cm. Os ramos primários mais elevados aos 147 DAT foram registados no tratamento T1 (cultivo no campo) (12,72). O maior número de ramos secundários aos 147 DAT foi registado no tratamento T1 (cultivo no campo) (31,83). O número de folhas aos 147 DAT da estévia foi significativamente influenciado pelos diferentes métodos de cultivo. O maior número de folhas aos 147 DAT foi registado no tratamento T1 (cultivo no campo) (1215,32) e o menor número de folhas no tratamento T3 (cultivo em vaso) (659,73). A maior área foliar da planta $^{-1}$ foi obtida no tratamento T1 (cultivo em campo) (3621,32 cm^2). O comprimento médio das folhas de estévia variou de 3,01 cm a 3,29 cm. A largura média da folha de estévia variou de 1,32 cm a 1,48 cm. O perímetro mais elevado da folha de estévia (7,46) foi obtido em T1 (cultivo no campo). O perímetro mais baixo da folha de estévia (7,36) foi registado em T3 (cultivo em vaso). O rácio mais elevado foi obtido no tratamento T1 (cultivo no campo) (2,24). O fator de forma da folha de estévia variou de 0,62 a 0,64. A área de acumulação da folha de estévia variou de 2,75 cm a 2,96 cm.

O maior peso fresco da planta^{-1} (165,92 g) foi obtido no tratamento T1 (cultivo no campo). O maior peso fresco ha^{-1} foi obtido no T1 (8193,62 kg) e o menor no T3 (3807,48 kg). O maior peso seco foi encontrado em T1 (2180,25 kg) seguido por T2 (1269,63 kg), enquanto o menor em T3 (914,48 kg). A maior produção de folhas frescas foi produzida no tratamento T1 (cultivo no campo) (91,37 g planta^{1}). A folha fresca mais alta ha^{-1} (4512,12 kg ha^{-1}) foi obtida no tratamento T1 (cultivo no campo). A maior produção de folhas secas foi registada no tratamento T1 (cultivo no campo) (24,83 g planta^{-1}). O menor rendimento de folhas secas foi produzido no tratamento T3 (cultivo em vaso) (12,86 g de planta$^{(-1})$). Verificou-se que a maior produção de folhas secas foi obtida no tratamento T1 (cultivo no campo) (1226,17 kg ha^{-1}). A menor produção de folhas secas foi observada no tratamento T3 (cultivo em vaso) (468,06 kg ha$^{-1)}$. O maior teor de clorofila total (1,98 mg g^{-1}) foi obtido no tratamento T1 (cultivo em campo). O teor mais elevado de clorofila 'a' foi obtido no tratamento T1 (cultivo no campo) (1,42 mg $g^{(-1)}$)). O teor mais elevado de clorofila 'b' foi obtido no tratamento T1 (cultivo no campo) (0,52 mg $g^{(-1)}$)). O maior teor de proteínas foi obtido no tratamento T1 (cultivo no campo) (10,00%) e o menor no tratamento T2 (cultivo sob mangueira) (9,48%). O tratamento teve efeitos significativos no teor de azoto das folhas de estévia. O conteúdo de N na planta de estévia variou de 1,62 a 1,71%. A maior concentração de N na planta de estévia (1,71%) foi obtida no tratamento T1 (cultivo no campo). A segunda maior concentração de N na planta de estévia (1,65%) foi obtida no tratamento T3 (cultivo em vaso). A menor concentração de N na planta de estévia (1,62%) foi obtida no tratamento T2 (cultivo sob mangueira). O maior teor de fósforo foi obtido no tratamento T1 (cultivo em campo) (0,128%) e o menor no tratamento T2 (sob cultivo de mangueira) (0,085). O teor de K na planta de estévia variou de 0,13 a 0,14%. O teor de enxofre mais elevado foi registado no tratamento T1 (cultivo no campo) (0,25%), seguido do tratamento T2 (cultivo em vaso) (0,21), enquanto o teor de enxofre mais baixo foi registado no tratamento T2 (cultivo sob mangueira) (0,14). O teor de Ca na folha de estévia variou de 1,12 a 1,24%. O conteúdo de Mg na folha de estévia variou de 0,102 a 0,104%. A maior concentração de Mg na planta de estévia (0,104%) foi obtida no tratamento T1 (cultivo no campo) e a menor concentração de Mg na folha de estévia (0,102%) foi obtida no tratamento T2 (cultivo sob mangueira). O maior teor de Zn foi registado no tratamento Ti (cultivo no campo) (62,87 цд g-1) e o menor teor de Zn no tratamento T2 (sob cultivo de mangueira) (55,52 tig g^{-1}).

A estévia é uma cultura promissora no Bangladesh. Pode resolver o problema da escassez de açúcar artificial, para além de fornecer adoçantes a 5,9% da população diabética do nosso país. Além disso, podem ser criadas várias indústrias de transformação de folhas de estévia, o que tornará a nossa economia mais saudável. Os agricultores do Bangladesh podem facilmente cultivar a planta nas suas terras relativamente altas, como a área de "Char". Assim, podemos recomendar que a zona de "Char" seja cultivada com estévia, não só na zona de "Char", mas também em pomares, em herdades, em pousios e noutras zonas onde possa ser cultivada numa grande variedade de solos. Se as vastas zonas de "char" do país, as zonas de fruticultura e as zonas de pousio das herdades forem cultivadas com estévia, isso pode ajudar a reduzir ao mínimo a importação de açúcar artificial e, ao mesmo tempo, ajudar a criar oportunidades de emprego para um grande número de jovens desempregados no nosso país.

CAPÍTULO VI

CONCLUSÃO

A experiência demonstrou a realização bem sucedida do objetivo de investigar os vários efeitos do cultivo na qualidade da Stevia. Parâmetros como a altura da planta (cm), o número de ramos por planta, o número de folhas por planta, o peso fresco por planta (g), o peso seco por planta (g), o rendimento de folhas frescas por planta (g), o rendimento de folhas secas por planta (g), rendimento de folhas frescas por hectare (kg), rendimento de folhas secas por hectare (kg), bem como o teor de N (%), P (%), K (%), S (%), Ca (%), Mg (%) e Zn (цд g-1) nas folhas de Stevia foram considerados no estudo. O peso fresco total da estévia ha $^{-1}$ foi encontrado o mais alto no cultivo de campo (T1), seguido pelo cultivo de mangueira (T2) e o mais baixo no tratamento de cultivo em vaso (T3). Da mesma forma, o rendimento total de folhas frescas e secas ha^{-1} foi mais elevado no tratamento de cultivo no campo (T1), seguido pelo cultivo sob mangueira (T2) e o mais baixo no tratamento de cultivo em vaso (T3). No tratamento de cultivo no campo (T1), o conteúdo de nutrientes nas folhas foi alto devido à maior exposição à luz solar, mas no caso do tratamento de cultivo sob mangueira (T2), o conteúdo de nutrientes nas folhas foi menor devido ao sombreamento. Os resultados sugerem que pode ser recomendada a tecnologia mais adequada para cultivar estévia nas condições de campo do Bangladesh.

REFERÊNCIAS

Acuna, I., Nepovim, A. e Valicek, P. 1997. Micropropagação de plantas *Stevia rebaudiana* Bertoni in vitro e teor de esteviosídeo nas folhas após aplicação de reguladores de crescimento em condições de campo. Agricultura Tropica et Subtropica, 30: 51-60.

Atkins, C. R. abril de 1994. "Revelações sobre a saúde", Newsletter.

Bhosle, S. 2004. Commercial Cultivation of *Stevia rebaudiana*, Agrobios Newsletter, 3 (2): 43-45.

Black, C. A. 1965. Método de análise do solo - Parte I e Parte II. Sociedade Americana de Agronomia. Inc. Pub. Madison. Wisconsin, EUA.

Bracht, A.M., Kemmelmeier, F.S., Ishii, E.L., Alvarez, M. e Bracht, A. 1985. Efeito dos produtos naturais *de Stevia rebaudiana* no metabolismo celular e subcelular. Arq. Biol. Tecnol, 28: 431-455.

Brandle, J.E. e Rosa, N. 1992. Hereditariedade para rendimento, relação folha-caule e teor de esteviosídeo estimado a partir de uma cultivar de *Stevia rebaudiana.* Canadian Journal of Plant Science 72: 1263-1266

Bremner, J. M. e Mulvaney, C. S. 1982. Total Nitrogen. Methods of Soil Analysis, Part 2 (2nd edn.).

Bridel, M. e Lavielle, R. 1931. O princípio doce do Kaa-he-e (*Stevia rebaudiana*). Culturas de calos e morfogénese de Stevia rebaudiana Bertoni. Yukagaku, 30: 215-219.

Carneiro, J.W.P. 1990. *Stevia rebaudiana* (Bert.) Bertoni, produção de sementes. Dissertação de Mestrado, Universidade Estadual de Maringá, Brasil (English abstr.).

Chalapathi, M.V., Shivaraj, B. e Ramakrishna, P.V.R. 1997. Nutrient uptake and yield of stevia (*Stevia rebaudiana* Bertoni) as influenced by methods of planting and fertilizer levels. Crop Res. 14: 205-208.

Chalapathi, M.V., Thimmegowda ,S., Deva, K. N., Gangadhar, E. R. G. e Chandraprakash J. 1999. Influência dos níveis de fertilizante no crescimento, rendimento e absorção de nutrientes da cultura de soca de estévia. Crop Res. 21: 947-949.

Chan, P. Xu. DY., Liu, J.C., Chen, Y.J., Tomlinson, B., Huang, W.P. e Cheng, J.T. 1998. O efeito do esteviosídeo na pressão sanguínea e nas catecolaminas plasmáticas em ratos espontaneamente hipertensos. *Life Sci* 63:1679-1684.

Chan, P., Tomlinson, B., Chen, Y.J., Lui, J.C., Hsieh, M.H., e Cheng, J.T. 2000. A doubleblind placebo-controlled study of the effectiveness and tolerability of oral stevioside in human hypertension. *Br J Clin Pharmacol* 50:215-220.

Chang, K.F., Howard, R.J. e Gaudiel R.G. 1997. Primeiro relatório da estévia como hospedeira de *Sclerotinia sclerotiorum*. Plant Disease 81: 311.

Chang, S. S. e Cook, J. M. 1983. Estudos de estabilidade do esteviosídeo e do rebaudiosídeo A em bebidas carbonatadas. J. Agric. Food. Chem. 31: 409 - 412.
Cook, I.F. e Knox, J.R. 1970. Uma síntese de esteviol. Tetrahedron Lett. 4091-4093.
Crammer, B. e Ikan, R. 1986. Glicosídeos doces da planta stevia. Chem. Brit. 22: 915-916.
Das, S., Das, A.K., Murphy, R.A., Punwani, I.C., Nasution, M.D. e KInghorn, A.D. 1992. Avaliação do potencial cariogénico dos edulcorantes naturais intensos Stevioside e rebaudioside A. Caries Res. 26: 363 - 366.
Dhir, S. e Dhir, S.K. 2004. Somati *Stevia rebaudiana* c embryogenesis and plant regeneration in *Stevia rebaudiana*. Society for *In vitro* Biology Journal, 40; 40-A-40-A.
Djerassi, C., Quitt, P., Mosettig, E., Cambie, R.C., Rutledge, P.S. e Briggs, L.H. 1961. Estudos de dispersão ótica rotacional. LVIII. As configurações absolutas completas do esteviol, do kaurene e dos alcalóides diterpénicos dos grupos garryfoline e atisine. J. Amer. Chem. Soc. 83: 3720-3722.
Dolder, F., Lichti, H., Mosettig, E. e Quitt, P. 1960. A estrutura e a estereoquímica do esteviol e do isosteviol. J. Amer. Chem. Soc. 82: 246-247.
DuBois, G.E. e Stephenson, R.A. 1984. Adoçantes diterpenóides. Síntese e avaliação sensorial de análogos do esteviosídeo com propriedades organolépticas melhoradas. J. Med. Chem. 28:93-98.
Duke, J. 1993. Stevia rebaudiana. In: J. Duke, CRC handbook of alternative cash crops. CRC Press, Boca Raton, FL. P. 422-424.
Frederico, A.P., Ruas, P.M., Marinmorlaes, M.A., Ruas, C.F. e Naka jima, J.N. 1996. Estudos cromossômicos em algumas espécies de stevia (Compositae) do sul do Brasil. Braz. J. Genet. 19: 605-609.
Gardana, C., Simonetti, P., Canzi, E., Zanchi, R. e Pietta, P.G. Metabolismo do esteviosídeo e do rebaudiosídeo A dos extractos de Stevia rebaudiana pela microflora humana. J. Agric. Food Chem. (submetido).
Geuns, J.M.C. 2003.Molecules of interest Stevioside. Phytochemistry, 64:913-921.
Ghosh, A. B., Bajaj, J.C., Hassan, R. e Singh, D. 1983. Soil and water testing Methods. Divisão de Ciência do Solo e Química Agrícola. IARI, Nova Deli, Índia.
Gregersen, S., Jeppesen, P.B., Holst, J.J. e Hermansen, K. 2004. Efeitos anti-hiperglicémicos do esteviosídeo em indivíduos diabéticos de tipo 2. Metabolism. 53(1): 73-76.
Hanson, J.R. e De Oliveira, B.H. 1993. Esteviosídeo e glicosídeos diterpenóides doces relacionados. Nat. Prod. Rep. 10: 301-309.

Hawke, J. 2003. The Bittersweet Story of the Stevia Herb. Factos, Ficção e Fraude na Medicina Moderna, 8 (3):1-8. (http://www.dormanpub.com).

Himanshu, D., Manish, K. e Haider, Z.A. 2006. Morfogénese in vitro de Stevia: a planta doce que ocorre naturalmente - um método rápido e eficiente para propagar Stevia por cultura de tecidos. Journal-of-Research, 18(1): 1-9.

Hossain, M.A., Islam, N., Islam, M.S., Arefin, M.S., Begum, M.K., Biswas, P e Rahman, A.B.M.M. 2009. Produção de sementes e propagação fácil para o cultivo de Stevia (*Stevia rebaudina* Bert.). Conferência internacional sobre sementes de qualidade e segurança alimentar. Universidade Agrícola do Bangladesh, Mumensingh.

Hossain, M.A., Islam, M.T., Islam, M. S., Rahman, A.B.M.M. e Miah, M.A.S. 2005. Propagação in viro de Stevia (*Stevia rebaudiana* Bert.)- Uma erva adoçante de elite. Bangladesh J. Sugarcane, 24-27: 121-127.

http://website(1): www.itis.gov. index.html, recebido em 20 de março de 2010.

http :// website[2] :www.lni.unipi.it/stevia/stevia/stevia0005.htm , recebido em 20 de março de 2010.

http :// website[3] : www. freewebs.com/stevia_egypt/chemistrystructure.htm, recebido em 24 de agosto de 2010.

http:// website[4] :www.hydrosystem.co.in/stevia.htm , recebido em 24 de agosto de 2010.

http://website(5):www.fao.org/ag/agn/jecfaadditives/specs/Monograph1/Additi ve-442.pdf, recebido em 20 de março de 2010.

Hutapea, A.M., Toskulkao, C., Buddhasukh, D., Wilairat, P. e Glinsukon, T. 1997. Digestão de esteviosídeo, um adoçante natural, por várias enzimas digestivas. J. Clin. Biochem. Nutr, 23: 177-186.

Jacktson, M.L. 1973. Soil Chemical Analysis. Prentice Hall of India Pvt. Ltd. Nova Deli, Índia. Pp.41-196.

Jeppesen, P.B., Gregersen, S., Alstrup, K.K. e Hermansen, K. 2002. O esteviosídeo induz efeitos anti-hiperglicémicos, insulinotrópicos e glucagonostáticos in vivo: estudos nos ratos diabéticos Goto-Kakizaki (GK). *Phytomedicine* 9:9-14.

Jeppesen, P.B., Gregersen, S., Poulsen, C.R. e Hermansen, K. 2000. O esteviosídeo actua diretamente nas células beta pancreáticas para segregar insulina: acções independentes do monofosfato de adenosina cíclico e da atividade do canal K_ sensível ao trifosfato de adenosina. *Metabolismo* 49:208-214.

Jeppesen, P.B., Gregersen, S., Rolfsen, S.E., Jepsen, M., Colombo, M., Agger, A., Xiao, J., Kruhoffer, M., Orntoft, T. e Hermansen, K. 2003. Efeitos anti-hiperglicémicos e redutores da pressão arterial do esteviosídeo no rato diabético

Goto-Kakizaki. *Metabolismo* 52:372-378.
Katayama, O., Sumida, T., Hayashi, H. e Mitsuhashi, H. 1976. The practical application of Stevia and research and development data (tradução inglesa). I.S.U. Company, Japão. p. 747.
Katayama, O., Sumida, T., Hayashi, H. e Mitsuhashi, H. 1976. A aplicação prática da Stevia e dados de investigação e desenvolvimento.I.S.U. Company, Japão. p.747.
Kennelly, E.J. 2002. Constituintes doces e não doces da Stevia rebaudiana (Bertoni) Bertoni. In: Kinghorn, A.D. (Ed.), Stevia, o Género Stevia. Medicinal and Aromatic Plants-Industrial Pro.les, Vol. 19. Taylor and Francis, Londres e Nova Iorque, pp. 68-85.
Khan, A.R., Chowdhury, S.H. e Kabir M.H. 2010. A Short Review on Stevia: A New Crop in Bangladesh. Seminário sobre "Alterações climáticas e segurança alimentar no Bangladesh". Associação de Estudantes de Doutoramento. Universidade Agrícola do Bangladesh, Mumensingh.
Kinghorn, A.D. 1992. Revisão da segurança dos ingredientes alimentares: Folhas de Stevia rebaudiana. Herb Research Foundation, Boulder.
Kinghorn, A.D. e Soejarto, D.D.S. 1991. Stevia Sweeteners in Alternative Sweetners , L.O.Brien Nabers, R.C. Belardi (eds)New York, Marcel Dakker 2 : 157-171.
Kinghorn, A.D. e Soejarto, D.D. 1985. Situação atual do esteviosídeo como agente adoçante para uso humano. Em Wagner, H., Hikino, H., e Fransworth, N.R. (eds). Economic and medical plant research. Academic Press. Academic Press. Londres.
Koyama, E., Kitazawa, K, Ohori, Y, Izawa, O., Kakegawa, K.,Fujino, A. e Ui, M. 2003a. Metabolismo *in vitro* dos edulcorantes glicosídicos, da mistura de Stevia e da Stevia enzimaticamente modificada na micro-área intestinal humana. Food Chem. Toxicol. 41, 359-374.
Koyama, E., Sakai, N., Ohori, Y, Kitazawa, K, Izawa, O., Kakegawa, K., Fujino, A., Ui, M., 2003b. Absorção e metabolismo dos edulcorantes glicosídicos, compostos relacionados com Stevia em humanos e ratos. Food Chem. Toxicol. 41: 875-883.
Koyama, E., Kitazawa, K., Ohori, Y., Sakai, N., Izawa, O., Kakegawa, K., Fujino, A. e Ui, M. 2001. Degradação intestinal, absorção e metabolismo hepático dos edulcorantes glicosídicos, mistura de Stevia. In: Actas do segundo Simpósio Internacional da IUPA sobre Adoçantes, Hiroshima, p.12.
Lee, J.I., Kang, K.K. e Lee, E.U. 1979. Estudos sobre a nova planta adoçante stevia (*Stevia rebaudiana* Bert.) na Coreia. I. Efeitos da mudança da data de transplante por datas de corte e sementeira nas caraterísticas agronómicas e na

produção de folhas secas de estévia (English abstr.). Res. Rep. ORD 21: 171-179.
Lovering, N.M. e Reeleder, R.D. 1996. Primeiro relato de *Septoria steviae* em stevia (*Stevia rebaudiana*) na América do Norte. Plant Disease 80: 959.
Mahadevan, A. e Sridhar, R. 1982. Methods in physiological plant pathology (segunda edição). Sivakami Publication, Indira Nagar, Madras. p. 316.
Melis, M.S. 1999. Efeitos da administração crónica de Stevia rebaudiana na fertilidade em ratos. J. Ethnopharmacol. 167: 157-161.
Metivier, J. e Viana, A.M. 1979. O efeito da duração longa e curta do dia sobre o crescimento de plantas inteiras e o nível de proteínas solúveis, açúcar e esteviosídeo em folhas de Stevia rebaudiana Bert. J. Exp. Bot. 30: 1211-1222.
Mitra, A. e Pal, A. 2007. Regeneração *in vitro* de *Stevia rebaudiana* (Bert.) a partir do explante nodal. Journal of Plant Biochemistry and Biotechnology, 16(1).
Miyagawa, H., Fujikowa, N., Kohda, H., Yamasaki, K., Taniguchi, K., e Tanaka, R. 1986. Estudos sobre a cultura de tecidos de Stevia rebaudiana e seus componentes: (II). Indução de rebentos primordiais. Planta Medica 4: 321-324.
Miyazaki, Y. e Watanabe, H. 1974. Estudos sobre o cultivo de *Stevia rebaudiana* Bertoni; Sobre a propagação da planta (English abstr.). Jap. J. Trop. Agric. 17: 154-157.
Mori, K., Nakahara, Y. e Matsui, M. 1972. Síntese total de diterpenóides - XIX. (±)-Steviol e eritroxidiol A: rearranjos em compostos de biciclooctano. Tetrahedron 28: 3217-3226.
Morini, S., Fiaschi, G., Andolfi, L. e Macchia, M. 2003. Morfogénese in vitro de *Stevia rebaudiana* Bertoni: resultados com diferentes genótipos. Agricultura-Mediterranea, 133(2): 117-123.
Morita, T. 1987. Folhas secas (abstr. inglês) Jap. Patente 63- 96025.
Mosettig, E. e Nes, W.R. 1955. Stevioside. II. A estrutura da aglucona. J. Org. Chem. 20: 884-899.
Mosettig, E., Beglinger, U., Dolder, F., Lichti, H., Quitt, P. e Waters, J. A. 1963. The absolute configuration of steviol and isosteviol. J. Amer. Chem. Soc. 85: 2305-2309.
Murai, N. 1988. Sistema de secagem de estévia (abstr. inglês) Jap. Patente 63-258553.
Nakahara, Y., Mori, K. e Matsui, M. 1971. Síntese total de diterpenóides. Parte XVI. Rotas sintéticas alternativas para o (±)-steviol e o ácido (±)-kaur-16- en-19-oico. Agric. Biol. Chem. 35: 918-928.
Nakamura, S. e Tamura, Y. 1985. Variações nos principais glicosídeos da estévia. Jap. J. Trop. Agric. 29:109-115.

Nepovim, A., Drahosova, H., Valicek, P. e Vanek, T. 1998. O efeito das condições de cultivo no teor de esteviosídeo em plantas de *Stevia rebaudiana* Bertoni cultivadas na República Checa. Pharmaceut Pharmacol Lett. 8: 19-21.
Nasrin, M.D. 2008. Efeito do Azoto no Crescimento, Rendimento e Absorção de Nutrientes pela Stevia. Tese de Mestrado, Departamento de Química Agrícola, Universidade Agrícola do Bangladesh, Mymensingh.
Nitsch, J.P. e Nitsch, C. 1969. Plantas haplóides a partir de grãos de pólen. Ciência 163:85-87
Ogawa, T., Nozaki, M. e Matsui, M. 1980. Síntese total do esteviosídeo. Tetrahedron 36: 2641-2648.
Olsen, S. R., Coi, C.V., Watenable, F.S. e Dean, L.A. 1954. Estimativa do fósforo disponível no solo por extração com bicarbonato de sódio. Departamento de Agricultura dos EUA. Cire. Pp. 929.
Patra, D.D. e Khanuja, S.P.S. 2005. Cultivo de plantas medicinais e aromáticas vis-à-vis a diversificação do sistema de cultivo e a utilização de terras marginais. In Proceedings of the UGC Sponsored National Conference cum Workshop on Scientific Growing, Socio-Economic Value and Proper Utilisation of Medicinal and Aromatic Plants for the Welfare of the Rural People. Departamento de Botânica, Bejoy Narayan Mahavidyalaya, Bengala Ocidental, Índia. 25-27 de fevereiro. p. 2-17.
Phillips, K.C. 1989. Stevia: passos no desenvolvimento de um novo adoçante. pp 1-43.
Puite, K.J. 1992. Progresso na investigação de protoplastos de plantas. Fisiolo-gia
Plantarum, 85: 403-410.
Robinson, B.L. 1930. Contributions from the Gray Herbarium of Harvard University. The Gray Herbarium of Harvard University, Cambridge.
Roy, T. 2009. Gestão de nutrientes para o crescimento e rendimento da produção de Stevia. Tese de Mestrado, Departamento de Agronomia, Universidade Agrícola do Bangladesh, Mymensingh.
Russel, D.F. 1986. Diretor do M-STATE. Departamento de Ciências das Culturas e do Solo, Universidade do Estado do Michigan, EUA.
Salas, P. 2001. Procedimentos da [9a] Conferência Internacional de Horticultura, 3 a 6 [de] setembro de 2001 Lednice, República Checa, ISBN 80-7157524-0. 2: 431-434.
Schiffman, S.S., Booth, B.J., Carr, B.T., Losee, M.L., Sattely-Miller, E. e Graham, B.G. 1995. Investigação do sinergismo em misturas binárias de edulcorantes. Brain Res. Bull. 38: 105-120.
Schiffman, S.S., Pecore, S.D., Booth, B.J., Losee, M.L., Carr, B.T., Sattely-

Miller, E., Graham, B.G. e Warwick, Z.S. 1994. Adaptação de edulcorantes em água e em soluções de ácido tânico. Phys. Behavior 55: 547-559.

Shaffert, E.E. e Chetobar, A.A. 1994b. Structure, topography and onogeny of *Stevia rebaudiana* (English abstr.). Botanicheskii Zhurnal 79: 3848.

Shaffert, E.E. e Chetober, A.A. 1994a. Development of the female gametophyte in stevia rebaudiana (tradução inglesa). Buletinul Academiei de Schtintse A Republica Moldava 6: 10-18.

Shaffert, E.E. e Chetober, A.A. 1994b. structure, topography and ontogeny of *Stevia rebaudiana* (English abstr.). Botanicheskii Zhurnal 79: 38-48

Shibata, H., Sonoke, S., Ochiai, H., Nishihashi, H. e Yamada, M. 1991. Glicosilação de esteviol e esteviol-glucosídeos em extractos de *Stevia rebaudiana* Bertoni. Plant Physiol. 95: 152-156.

Shizhen, S. 1995. Um estudo sobre a seleção de boas variedades *de Stevia rebaudiana.*

Scientia Agricultura Sinica 28: 37 - 41.

Shock, C.C. 1982. Cultivo experimental de Stevia de Rebaudia na Califórnia. Relatório de progresso agronómico da Universidade da Califórnia n.º 122.
Shock, C.C. 1982. Cultivo experimental de Stevia de Rebaudia na Califórnia. Relatório de progresso agronómico da Universidade da Califórnia n.º 122.
Shuping, C., e Shizhen, S. 1995. Estudo sobre a técnica de armazenamento de sementes *de Stevia rebaudiana* (English abstr.). Ata Agronomica Sinica 21: 102105.

Sivaram, L. e Mukundan, U. 2003. Estudos de cultura in vitro em Stevia Rebaudiana. In Vitro Cellular and Developmental Biology - Plant: 39 (5): 520-523.

Soejarto, D.D., Compadre, C.M., Medon, P.J., Kamath, S.K. e Kinghorn, A.D. 1983. Potenciais agentes adoçantes de origem vegetal. II. Pesquisa de campo para espécies de Stevia com sabor doce. Econ. Bot. 37: 71-79.

Soejarto, D.D., Kinghorn, A.D. e Farnsworth, N.R. 1982. Potenciais agentes edulcorantes de origem vegetal. III. Avaliação organoléptica de amostras de herbário de folhas de estévia quanto à doçura. J. Nat. Prod. 45: 590599.

Sritongkum, J.M. e Maxon, K.M. 1995. Propagação *in vitro* de *Stevia rebaudiana* Bertoni como um novo recurso para adoçar. Plant Journal, 16: 120-125.

Starrat, A.N., Kirby, C.W., Pocs, R. e Brandle, J.E. 2002. Rebaudioside F, um glicosídeo diterpeno de Stevia rebaudiana. Phytochemistry, 59, 367-370.

Strauss, S. 1995. O adoçante perfeito? Technol. Rev. 98: 18 - 20.

Suanarunsawat, T. e Chaiyabutr, N. 1997. O efeito do esteviosídeo no metabolismo da glucose no rato. *Can J Physiol Pharmacol* 75:976-982.

Sumida, T. 1980. Studies on *Stevia rebaudiana* Bertoni as a new possible crop for sweetening resource in Japan (English Summary). J. Cent. Agric. Exp.Stn.31: 1-71.

Suttajit, M., Vinitketkaumnuen, U., Meevatee, U. e Buddhasukh, D. 1993. Mutagenicidade e efeito cromossómico humano do esteviosídeo, um edulcorante da Stevia rebaudiana Bertoni. Environ Health Perspect. 101 (Suppl 3):53-6.

Tamura, Y., Nakamura, S., Fukui, H. e Tabata, M. 1984. Propagação clonal de Stevia rebaudiana Bertoni por cultura de ponta de caule. Plant Cell Reports, 3:183-185.

Tamura, Y., Nakamura, S., Fukui, H. e Tabata, M. 1984. Comparação de plantas de Stevia cultivadas a partir de sementes, corte e culturas de ponta de caule para crescimento e glicosídeos de deterpeno doce. Plan Cell Rep. 3: 180-182.

Tanaka, O. 1997. Melhoria do sabor dos edulcorantes naturais. Pure Appl. Chem. 69:675-683.

Toskulkao, C., Deechakawan, W., Temcharoen, P., Buddhasukh, D. e Glinsukon, T. 1995. Efeitos nefrotóxicos do esteviosídeo e do esteviol em fatias corticais de ratos. *J Clin Biochem Nutr* 16:123-131.

Valio, I.F.M. e Rocha, R.F. 1966. Efeito do fotoperíodo e de reguladores de crescimento no crescimento e floração de Stevia rebaudiana Bertoni. Jap. J. Crop Sci. 46: 243-248.

Van Calsteren, M.R., Bussière, Y. e Bissonnette, M.C. 1993. Spectroscopic characterization of two sweet glycosides from *Stevia rebaudiana*. Spectroscopy 11: 143-156.

Van Hooren, D.L. e Lester, H.R. 1992. Stevia drying in small scale bulk tobacco kilns. *Em* Methods to utilize tobacco kilns for curing, drying and storage of alternate crops, relatório final. Ministério da Agricultura e Alimentação do Ontário, Deli.

Vis, E. e Fletcher, H.G. 1956. Stevioside. IV. Evidência de que o esteviosídeo é um soforosídeo. J. Amer. Chem. Soc. 78: 4709-4710. Ogawa, T. 1980. Descoloração e purificação de um componente doce da estévia (English abstr.). Jap. Patente 55-111768.

Walkley, A. e Black, D.R. 1975. Um exame do método de digestão para determinar a matéria orgânica do solo e proposta de modificação do método de titulação ácida crónica. Soil. Sci. 37: 29-38.

Whitaker, J. Dez. 1994. Whitaker's Newslater.

Wingard, R.E. J., Brown, J.P, Enderlin, F.E., Dale J.A., Hale, R.L. e Seitz C.T. 1980. Intestinal degradation and absorption of the glycosidic sweeteners stevioside and rebaudioside A. *Experientia (Basel)* 36:519-520.

Wood, H.B., Allerton, R., Diehl, H.W. e Fletcher, H.G. 1955. Stevioside. I. A

estrutura das porções de glucose. J. Org. Chem. 20: 875-883.
Xiang, Z.P. 1983. Stevia (tradução parcial em inglês). Gabinete Geral das Quintas Estatais, Heilongjiang, China.
Xili, L., Chenggjiani, B.C., Eryi, X., Reiming, S., Yuengming, W., Haodong, S. e Zhiyan, H. 1992. Estudo de toxicidade oral crónica e carcinogenicidade do esteviosídeo em ratos. Food Chem. Tox. 30: 957 - 965.
Yamamoto, N.S., Bracht, K., Ishii, A.M., Kemmelmeier, E.L., Alvarez, F.S. e Bracht, A. 1985. E.ect of steviol and its structural analogues on glucose production and oxygen uptake in rat renal tubules. Experientia, 41: 55-57.
Yodyinguad, V. e Bunyawong, S. 1991. Efeitos do esteviosídeo no crescimento e na reprodução. Human Reprod. 6: 158-1675.
Zaidan, L.B.P., Dietriech, S.M.C. e Felippe, G.M. 1980. Efeito do fotoperíodo na floração e no teor de esteviosídeo em plantas de Stevia rebaudiana Bertoni. Jap. J. Crop Sci. 49: 569-574.
Ziegler, F.E. e Kloek, J.A. 1977. A fotoadição estereocontrolada de aleno a ciclopent-1-eno-1-carboxaldeídos. Uma síntese total do éster metílico do (±)-esteviol e do éster metílico do isosteviol. Tetrahedron. 33: 373380.

APÊNDICE

Appendix I: Análise de variância (quadrado médio) dos dados sobre o efeito de diferentes métodos de cultivo na altura das plantas (cm) de estévia

Fonte de variação	Grau de liberdade (d.f.)	Quadrado médio						
		Altura da planta (cm)						
		21 DAT	42 DAT	63 DAT	84 DAT	105 DAT	126 DAT	147 DAT
Métodos de cultivo	2	9,731^{NS}	154.925**	232.358**	60.056*	178.383*	119.660**	659.275**
Erro	12	3.965	6.487	25.750	13.028	53.758	49.446	45.067
CV (%)	-	5.90	5.54	7.78	4.64	7.93	6.07	5.82

NS = Não significativo, ** indica um nível de significância de 1 %, * indica um nível de significância de 5 %.

Appendix II: Análise de variância (quadrado médio) dos dados sobre o efeito de diferentes métodos de cultivo no número de ramos primários da planta[1] de estévia

Fonte de variação	Grau de liberdade (d.f.)	Quadrado médio						
		Número de ramos primários da fábrica[1]						
		21 DAT	42 DAT	63 DAT	84 DAT	105 DAT	126 DAT	147 DAT
Métodos de cultivo	2	0,191^{NS}	0.543*	1.441*	0,467^{NS}	1.597*	9.045**	9.390**
Erro	12	0.063	0.111	0.366	0.172	0.306	0.251	0.337
CV (%)	-	5.24	5.70	8.66	4.94	5.83	4.69	4.94

NS = Não significativo, ** indica um nível de significância de 1 %, * indica um nível de significância de 5 %.

Appendix III: Análise de variância (quadrado médio) dos dados sobre o efeito de diferentes métodos de cultivo no número de ramos secundários da planta[1] de estévia

Fonte de variação	Grau de liberdade (d.f.)	Quadrado médio						
		Número de ramos secundários da planta[1]						
		21 DAT	42 DAT	63 DAT	84 DAT	105 DAT	126 DAT	147 DAT
Métodos de cultivo	2	0,070^{NS}	18.736**	8.670**	189.651**	67.405**	53.790**	119.871**
Erro	12	0.040	0.822	0.893	1.672	3.039	5.468	4.310
CV (%)	-	8.42	8.23	7.85	6.93	7.48	9.40	7.86

NS = Não significativo, ** indica um nível de significância de 1 %, * indica um nível de significância de 5 %.

Apêndice IV: Análise de variância (quadrado médio) dos dados sobre o efeito de diferentes métodos de cultivo no número de plantas com folhas[1] de estévia

Fonte	Grau	Quadrado médio

de variação	de liberdade (d.f.)	Número de folhas da planta[1]						
		21 DAT	42 DAT	63 DAT	84 DAT	105 DAT	126 DAT	147 DAT
Métodos de cultivo	2	0,242 NS	873.289 **	57676.562 **	316672.319 **	368393.972 **	464600.705 **	401254.158 **
Erro	12	6.718	224.525	2280.861	4688.591	6841.636	9808.563	4327.260
CV (%)	-	9.91	13.02	13.70	12.22	11.37	11.49	7.26

NS = Não significativo, ** indica um nível de significância de 1 %, * indica um nível de significância de 5 %.

Apêndice V: Análise de variância (quadrado médio) dos dados sobre o efeito de diferentes métodos de cultivo na área foliar da folha de estévia [1]

Fonte de variação	Grau de liberdade (d.f.)	Quadrado médio						
		Área foliar da planta[4]						
		21 DAT	42 DAT	63 DAT	84 DAT	105 DAT	126 DAT	147 DAT
Métodos de cultivo	2	19,382 NS	356340.266**	228438.630**	2112186.207**	2849922.916**	4135874.544**	410764.993**
Erro	12	16.849	2136.194	5805.294	23930.810	54358.759	88519.516	106102.773
CV (%)	-	8.19	11.69	9.38	10.90	13.04	12.66	12.34

NS = Não significativo, ** indica um nível de significância de 1 %, * indica um nível de significância de 5 %.

Apêndice VI: Análise de variância (quadrado médio) dos dados sobre o efeito de diferentes métodos de cultivo no comprimento médio da folha (cm), na largura média da folha (cm), no perímetro (cm), na relação entre o comprimento e a largura da folha, no fator de forma e na área de acumulação (cm) da folha de estévia

Fonte de variação	Grau de liberdade (d.f.)	Quadrado médio					
		Comprimento médio das folhas (cm)	Largura média das folhas (cm)	Perímetro (cm)	Rácio entre o comprimento e a largura da folha	Fator de forma	Área de acumulação (cm)
Métodos de cultivo	2	0,111 NS	0,033 NS	0,015 NS	0,005 NS	0,000 NS	0,211 NS
Erro	12	0.070	0.024	0.179	0.041	0.004	0.118
CV (%)	-	8.30	11.22	5.70	9.14	9.52	11.65

NS = Não significativo, ** indica um nível de significância de 1 %, * indica um nível de significância de 5 %.

Apêndice VII: Análise de variância (quadrado médio) dos dados sobre o efeito de diferentes métodos de cultivo no peso fresco da planta (g), peso fresco ha $^{-1}$ (kg), peso seco da planta $^{-1}$ (g) e peso seco ha ^{1} (kg) de estévia

Fonte de variação	Grau de liberdade (d.f.)	Quadrado médio			
		Peso fresco da planta^{1} (g)	Peso fresco ha^{1} (kg)	Peso seco da planta^{1} (g)	Peso seco ha^{1} (kg)
Métodos de cultivo	2	4949.579**	25667598.536**	464.100**	2123146.527**
Erro	12	136.391	240910.171	12.482	12856.431
CV (%)	-	8.36	8.64	9.94	7.78

NS = Não significativo, ** indica um nível de significância de 1 %, * indica um nível de significância de 5 %.

Apêndice VIII: Análise de variância (quadrado médio) dos dados sobre o efeito de diferentes métodos de cultivo no rendimento foliar planta^{1} (g), rendimento foliar fresco ha^{1} (kg), rendimento foliar seco planta^{1} (g) e rendimento foliar seco ha^{1} (kg) de estévia

Fonte de variação	Grau de liberdade (d.f.)	Quadrado médio			
		Produção de folhas frescas planta^{-}4g)	Produção de folhas frescas ha^{-1} (kg)	Produção de folhas secas planta^{-}4g)	Rendimento de folhas secas ha^{-1} (kg)
Métodos de cultivo	2	2400.070**	11004926.597**	180.028**	795229.545**
Erro	12	25.268	39564.704	2.258	3666.382
CV (%)	-	7.24	7.05	8.01	7.81

NS = Não significativo, ** indica um nível de significância de 1 %, * indica um nível de significância de 5 %.

Apêndice IX: Análise de variância (quadrado médio) dos dados relativos ao efeito de diferentes métodos de cultivo na clorofila total (mg g^{1}), clorofila "a" (mg g^{1}), clorofila "b" (mg g^{1}) e proteína (%) da folha de estévia

Fontes de variação	Grau de liberdade (d.f.)	Clorofila total (mg g-^{1})	Clorofila "a" (mg g-^{1})	Clorofila "b" (mg g-^{1})	Proteína (%)
Métodos de cultivo	2	0.030**	0.022**	0,001^{NS}	0,351^{NS}
Erro	12	0.004	0.003	0.001	0.462
CV (%)	-	3.20	3.91	5.46	7.02

NS = Não significativo, ** indica um nível de significância de 1 %, * indica um nível de significância de 5 %.

Apêndice X: Análise de variância (quadrado médio) dos dados sobre o efeito de diferentes métodos de cultivo nos teores de N (%), P (%), K (%), S (%), Ca (%), Mg (%) e Zn (pg g^{1}) da folha de estévia

Fontes de	Grau de	N (%)	P(%)	K (%)	S (%)	Ca (%)	Mg (%)	Zn (pg

variação	liberdade (d.f.)							g^{-1})
Cultivo métodos	2	0,011^{NS}	0.003**	0,0001^{NS}	0.015**	0.0180*	0,0001^{NS}	69,724^{NS}
Erro	12	0.014	0.00001	0.0001	0.000	0.004	0.0001	28.308
CV (%)	-	7.02	3.85	11.57	10.00	5.41	1.68	9.06

NS = Não significativo, ** indica um nível de significância de 1 %, * indica um nível de significância de 5 %.

MIX
Papier aus verantwortungsvollen Quellen
Paper from responsible sources
FSC® C105338

Printed by Books on Demand GmbH, Norderstedt / Germany